高超声速飞行器模糊控制技术

曹立佳　王永超
张胜修　张　超　著

国防工業出版社
·北京·

内容简介

模糊自适应控制技术具有不依赖于系统模型、鲁棒性强等优点，是解决非线性不确定性系统的有效工具。本书在理论层面，对作者近年来在高超声速飞行器纵向鲁棒多约束控制方法上的研究成果进行较为系统的总结。

全书共6章，第1章阐述了国内外高超声速飞行器研究现状以及近年来线性、非线性和模糊等智能控制方法在高超声速飞行器控制器设计上的应用研究情况；第2章建立了完整的高超声速飞行器六自由度模型，并对飞行器纵向模型的动态特性进行了分析，为控制器设计打下良好基础；第3章针对具有不确定参数和外界未知干扰的速度和高度分系统，设计了一种基于分层模糊系统的高超声速飞行器自适应 H_∞ 控制器；第4章针对系统执行器输入受限的实际情况，提出了一种输入受限的高超声速飞行器自适应模糊反步控制方法；第5章针对控制精度要求较高的攻角分系统，提出了基于约束 Lyapunov 函数和基于可规定性能的跟踪误差受限的自适应模糊反步控制器；第6章针对舵控制器具有幅值和速率约束的实际工程问题，提出了一种带有指令滤波器的自适应模糊反步控制方法。

本书可作为控制理论与应用、飞行器导航、制导与控制等专业研究生和高年级本科生的教材或参考书，亦可供相关领域工程技术人员参考。

图书在版编目（CIP）数据

高超声速飞行器模糊控制技术/曹立佳等著．—北京：国防工业出版社，2018.9

ISBN 978-7-118-11632-8

Ⅰ.①高…　Ⅱ.①曹…　Ⅲ.①高超音速飞行器-飞行控制-模糊控制-研究　Ⅳ.①V47

中国版本图书馆 CIP 数据核字（2018）第 173249 号

※

国防工業出版社出版发行

（北京市海淀区紫竹院南路 23 号　邮政编码 100048）

三河市德鑫印刷厂印刷

新华书店经售

*

开本 880×1230　1/32　**印张** 5　**字数** 145 千字

2018 年 9 月第 1 版第 1 次印刷　**印数** 1—2000 册　**定价** 42.00 元

国防书店：（010）88540777　　发行邮购：（010）88540776

发行传真：（010）88540755　　发行业务：（010）88540717

前　言

高超声速飞行器具有飞行速度快,突防能力强等优点,在国防和民用方面均具有非常重要的意义,是目前世界各国研究的热点。高超声速飞行器飞行环境复杂,以及自身的机体/发动机一体化设计使得其动力学模型具有强非线性、强耦合性和参数的不确定性。本书针对高超声速飞行器飞行控制系统的设计开展了模糊自适应控制方法的研究。主要内容如下:

(1)针对具有参数不确定性和存在外界干扰的高超声速飞行器输出跟踪控制问题,提出了一种基于分层模糊系统的自适应 H_∞ 控制器设计方法。利用分层模糊控制方法在线逼近未知函数,有效地减少了在线辨识参数,提高控制器的实时性能。并设计了鲁棒补偿项,提高了控制器的鲁棒性能。运用 Lyapunov 理论给出了参数的自适应律并分析证明了系统的稳定性。实验表明方法的有效性。

(2)针对系统不满足匹配条件、控制增益未知、假设俯仰角速率传感器出现故障的攻角跟踪控制和控制器出现的饱和受限问题,提出了一种模糊自适应 Backstepping 控制方法。首先利用模糊系统在线逼近不确定系统中的非线性函数,然后设计 Butterworth 低通滤波器和模糊状态观测器对控制增益未知系统中的不可直接测量状态进行估计,其次采用具有光滑特性的双曲正切函数和 Nussbaum 增益函数对控制输入饱和问题进行处理,最后运用 Backstepping 法设计出了鲁棒控制器,并利用 Lyapunov 理论给出了参数的自适应律。结果表明受限控制器具有很强的鲁棒性能。

(3)针对系统中出现的输出跟踪误差约束的跟踪控制问题,分别采用约束 Lyapunov 函数(Barrier Lyapunov Function,BLF)和可规定性能(Prescribed Performance)两种方法对输出跟踪误差进行约束,同时考虑控制增益未知、输入受限等复杂因素,提出了两种输出跟踪误差受限的模糊自适应 Backstepping 控制方案。两种控制方案在保证输出跟踪误差在预设的限定范围内这个基础上,具有很强的鲁棒性能。

(4)综合考虑系统出现的各状态和执行器物理特性约束等问题,将具有幅值、速率和带宽限制的指令滤波器(Command Filter)与 Backstepping 方法相结合,采用模糊逻辑系统在线逼近带有不确定参数和外界未知有界干扰的未知函数,运用 Lyapunov 函数给出了参数的自适应律,并分析证明了控制系统的稳定性。控制系统能够稳定跟踪给出参考指令信号,且各状态、执行器幅值均在约束范围内。

作者在写作过程中,得到了很多同仁的帮助。本书的部分研究成果还来自扈晓翔,杨永浩、朱瑞奇、崔亚龙、齐乃新、虞棐雄、郑惠、赵阳、高阳等研究生所在课题组的研究工作,在此对他们的工作深表谢意。书中参考和引用的研究成果、著作和论文均在参考文献中列出,在此对这些文献的作者表示感谢。感谢四川理工学院人才引进项目(2018RCL18)的支持。

限于作者水平有限,书中难免有疏漏和错误之处,真诚希望读者批评指正。

作者于西安

2018 年 5 月

目　录

第1章 绪 论

1.1 课题研究的背景与意义

高超声速飞行器[1]是指飞行马赫数大于5的飞行器,一般可分为再入飞行器[2]、可重复使用运载器[3]、载人飞船[4]以及吸气式高超声速飞行器[5]四大类。20世纪50至60年代远程弹道导弹的出现、载人飞船的成功返回以及马赫数大于6的X-15试验机的成功飞行等航空航天领域的重大事件,标志着人类开始步入高超声速的时代[6]。半个多世纪以来,高超声速飞行技术的研究在曲折的道路上艰难前进,但是各国研究人员为之奋斗的脚步从未停歇。2004年11月16日,美国国家航空航天局(NASA)负责研制的高超声速飞行验证机X-43A试飞取得了成功,这一惊人消息给航空航天领域带来了巨大的鼓舞,再一次掀起了高超声速飞行技术研究的热潮[7](图1.1)。

图1.1 高超声速飞行器X-43A飞行效果图

高超声速飞行器具有飞行速度快,反应时间短,飞行空域高,突防能力强,不但能够安全突破敌方的防御系统,而且能够有效地实现侦察和精确打击任务，极大地提高战场武器运用效益，将成为未来军事斗争新的“杀手锏”武器。这也将推动世界军事变革。同时在民用领域高超声速飞行器也具有广阔的应用前景。高超声速飞行器能够实现全球的快速到达，并且能够实现自主起飞、进出空间、降落和可重复使用，最终实现廉价进入空间的目的[8]。可以预见，高超声速飞行器必将成为未来航空航天领域的主要发展方向。

高超声速飞行器超高的飞行速度和所处的特殊飞行环境对飞行控制技术提出了前所未有的挑战[9]。高超声速飞行器是航空和航天两大领域有机结合的产物，并不是传统亚声速或者超声速飞行器的简单延续。临近空间的大气密度、温度、压力、辐射、风场等飞行环境具有与传统航空航天更加复杂的特性，这就加剧了气动参数的不确定性和外界对系统的干扰，对控制器的鲁棒性提出了更高的要求。同时相比于传统的飞行器，该空域内飞行器具有更为复杂的强非线性、强耦合和强时变的动力学特征，且飞行动力系统对气动角特别是攻角、侧滑角有严格的要求，可供飞行的走廊受到严格的限制。这就需要我们在设计控制器时，要能够实现对攻角、侧滑角等气动角的精确稳定控制。传统的控制方法难以满足高超声速飞行器飞行控制要求，因此有必要将非线性控制与智能控制方法引入到设计中来，使之能够实现对存在大范围内不确定系统参数情况下的精确鲁棒控制。由此可见，高超声速飞行器飞行控制技术的研究不仅具有巨大的实际意义，也具有很高的理论研究价值。

在国家自然科学基金（NSFC：61304001，61203007）项目的支持下，本书主要针对高超声速飞行器鲁棒控制问题进行研究，采用自适应模糊控制方法设计能够在复杂环境下（参数不确定和外界未知有界干扰）实现精确稳定控制的方案，为后续设计具有良好控制性能的控制系统做一些前期探索性的工作。

1.2 国内外相关研究现状

1.2.1 高超声速飞行器研究现状

几十年来，世界各国在高超声速技术的发展进步上均作出了巨大努力,以美国为首的发达国家起步较早,在20世纪90年代相继进行了一系列的地面和飞行试验,取得了重大突破。

美国制定了稳妥严密的高超声速飞行器发展计划,依据现实需求,审时度势,提出"三步走"的发展战略。以不可回收的具有较高军事效益的高超声速巡航导弹为主要突破口,达到逐步发展能够重复使用的高超声速飞机和天地往返系统的目的。对应地先后提出了 Hyper-X[10]、ARRMD[11]和 FALCON[12]计划。Hyper-X 计划主要进行小尺寸高超声速飞行器的演示验证,其主要目的在于研究并验证超燃冲压发动机的技术、设计方法以及实验手段。ARRMD 计划是美国空军和国防高级研究计划局(DARPA)制定的经济上可承受的快速反应导弹演示弹计划。由波音公司负责生产的 X-51 高超声速导弹为演示弹计划的一部分(图 1.2)。X-51A(又名"乘波者")前后共进行了四次飞行试验。首飞中取得了一定的成功,冲压发动机正常工作了 143 s,最大巡航飞行速度接近 5(马赫数);第二、三次的试飞中均因机械故障而导致整个试验的失败;2013 年 5 月 1 日,演示弹进行了最后一次的飞行并取得重大突破。导弹 6min 内飞行距离超过了 230 海里,创造了吸气式高超声速飞行器的新纪录。虽然依然未能实现 6 马赫速度飞行这个设计目标,但是依然验证了以超然冲压发动机为动力,采用吸热材料的这种设计方案的可行性。

图 1.2　美国 X-51A 高超声速巡航导弹

FALCON(Force Application and Lauch from the Continental)计划全称为从本土运送和应用兵力计划,也称"猎鹰"计划。FALCON 计划主要包含了小型发射飞行器(SLV)、通用航空飞行器(CAV)和高超声速飞行器(HTV)三种子飞行器。高超声速飞行器 HTV-1、HTV-2 和

HTV-3 分别针对不同目标的演示验证试验。由于 HTV-1 与 HTV-2 采用的气动外形和技术非常相似,而且 HTV-1 试验机在后续的制造过程中存在较大难题,美国空军毅然放弃了 HTV-1 计划。HTV-2 由洛克希德·马丁公司制造,主要的目的在于验证高超声速滑翔机动飞行器的气动布局、热防护、材料、制导与控制等相关技术,为未来美军发展全球快速打击能力做技术储备(图 1.3)。为保证 HTV-2 顺利进行设计与研制工作,项目团队进行了大量的风洞试验并在此基础上先后进行了两次飞行试验。2010 年 4 月 22 日,HTV-2 进行首飞试验,但是起飞 9min 后,遥测数据中断,之后与地面失去联系。虽然此次飞行试验没能取得成功,但 HTV-2 已经在大气层内突破性地实现了 20 马赫速度的可控飞行。紧接着 2011 年 8 月 11 日进行的第二次飞行试验,也同样遭遇了失败,但是同样采集到了宝贵的气动数据。

图 1.3　HTV-2 外形示意图

俄罗斯的高超声速相关的研究工作是在继承苏联相关技术的基础上进行的,目前已进入飞行试验阶段,在高超声速技术领域处于世界一流水平。由于资金缺乏,俄罗斯走的是联合研制的道路,主要的飞行试验计划有冷计划、针计划和彩虹-D2 计划等。1991—1998 年间,冷计划项目组主要进行了 5 次飞行试验,取得了部分成功,最大速度达到 6.5 马赫。目前俄罗斯有马拉诺夫中央航空发动机研究院、图拉耶夫联盟设计局、彩虹设计局在内的多家单位长期致力于高超声速相关技术的研究,在超燃冲压发动机、碳氢燃料、CFD 技术及一体化设计技术上取得重大突破。近期,俄罗斯与印度联合研制的高超声速导弹——布拉莫斯-2 正在紧张的研制过程当中,预计在 2015—2017 年间完成试飞[13]。相对于美国和俄罗斯专注于高超声速武器的研究而言,欧洲的一些国家更偏向于航空运输和宇宙探索等领域的基础技术。法国从 20 世纪 60 年代逐步开展超燃基本原理和模型发动机相关技术的研究,并于 1992 年制定了旨在发展采用双模态超燃冲压发动机单级入轨飞行器的 PREEPHA 计划。历时 6 年的 PREPHA 计划,最终研制成功了能以 6 马赫速度飞行的 Chamois 超燃冲压发动机,并经受住反复试验的考验。之后与德国合作开展了 JAPHAR 计划。一直寻求成为"正常国家"的日本[14]在高超声速飞行技术上的探索起步较晚,但是进步很快,目前正在进行以可重复使用空间运输系统研制为目的的 HOPE-X 计划。同时澳大利亚和巴西等国也在进行相关技术的研究,并进行了一些飞行试验[15]。

我国于 20 世纪 80 年代后期开始了对高超声速气动力学和超燃冲压推进技术方面的研究工作,标志着我国开始步入了高超声速研究领域的大门。之后逐步建立了地面硬件与软件实验平台,取得了一系列的研究成果。2012 年建成并通过验收的激波风洞(JF-12)正式投入使用(图 1.4)。该风洞可复现 25~40 km 高空,马赫数 5~9 的飞行条件,为国内高超声速飞行器设计与研制工作的顺利进行提供了基础保障。目前,高超声速技术已被纳入《国家自然科学基金委员会 2009 项目指

图 1.4 JF-12 风洞

南》与《国家中长期科学和技术发展规划纲要(2006—2020年)》之中,这为我国相关技术的快速发展提供制度与资金保障。相信我国的高超声速事业会取得非常辉煌的明天。

1.2.2 关键技术

1. 发动机技术

超燃冲压发动机是实现高超声速飞行器[16]可靠飞行的核心关键技术之一。世界各国在进行研究的过程当中,大都选用超燃冲压发动机作为推进装置。关键的因素在于,与火箭发动机相比,其具有以下优点[17]:一是可以为飞行器提供较大比冲。目前火箭发动机的比冲一般在600s以内,而超燃冲压发动机均在1000~4000s之间;二是不需要携带氧化剂,设计上更小、更轻便,利于高超声速飞行器携带更多载荷;三是超燃冲压发动机结构相对简单,便于工程制造。但是超燃冲压发动机在实际工作过程中存在两个主要技术困难:一是高超声速空气在燃烧室中通常滞留1.5ms,在这么短的时间内要完成压缩、增压等过程,并与发动机燃料在超声速状态下迅速、均匀、稳定、高效率地混合和燃烧。这需要我们下大力气对发动机尺寸、形状和燃烧机理等方面进行综合性理论与试验研究。二是超燃冲压发动机能够正常启动工作,自身必须具备一定的速度(即使是双模态超然冲压发动机也不例外)。目前,一般采用助推器为其提供初始速度。同时超燃冲压发动机不能够在地面测试其性能,测试费用较为昂贵也是其不可回避的缺点。

2. 气动力学技术

高超声速飞行器以高超声速飞行时,将会产生很强的激波[19]。激波会随着马赫数增加而离机体越来越近,这将使得激波与边界层之间的相互干扰变得更加显著[20]。同时激波层还会产生很高的温度,使得附近的气体分解和电离,并且附面层发生复杂的化学反应,最终形成非常复杂的混合气体。解决气动力学方面问题的基本途径是进行计算仿真和地面风洞试验。近年来各国加紧了风洞等地面实验平台[21]的建设步伐,为很好地解决这一问题打下提供了基础保障,但是这些实验平台依然不能满足高超声速飞行器工程化研制的要求[22]。

3. 防热与材料技术

高超声速飞行器在大气内飞行时,造成气体的快速压缩而使得飞行器表面产生极高的温度,所以,为保证飞行器的安全必须采用热防护技术。其次,临近空间大气中的臭氧和紫外线等对飞行器表面的材料和设备造成氧化腐蚀破坏甚至造成飞行计划的失败。目前正在研究采用快速固化粉末冶金工艺制造高纯度、轻质量的耐高温合金,或者采用复合材料方案,以满足防热和抗氧化腐蚀的要求。

4. 多学科优化技术

高超声速飞行器是一种高升阻比飞行器,其设计涉及气动力学、防热、材料、结构、控制等多个学科和技术领域。传统的优化设计中是将各学科完全分割开来,单独进行每一个学科的优化设计[18]。这种做法对于学科之间(气动力与热、气动力与控制、结构与控制等)存在严重耦合的高超声速飞行器而言,显然是不合适的。因此为进一步提升设计水平,应该将多学科优化技术引入到整个设计过程中来进行综合考虑。

5. 导航与控制技术[23]

高超声速飞行器通常飞行距离比较远(如高空无人机、高超声速巡航导弹等),或者滞空时间比较长(如高空飞艇),这些都会使得惯性导航系统(INS)误差随时间积累。在高超声速飞行的过程当中速度很快,加速度一般也很大,在某些情况下还会出现跳跃式弹道,导致高超声速飞行器的多普勒频移,变化率等不利现象非常明显,且一部分卫星信号在高机动飞行时也会丢失。在前面提到,高超声速飞行器飞行时,与空气摩擦产生极高的热量,当速度达到一定的界限,会在机体周围产生等离子体包覆流场,可以吸收电磁波能量,也就意味着在很大程度上会屏蔽卫星信号。天文导航虽然在短期精度上相对较低,但是误差不随时间而积累,具有很强的抗干扰能力,但是将其应用于高超声速飞行器中需要解决一些实际问题,如热防护问题、复杂环境下光线传播误差补偿问题等。同时在常见的导航系统中地形匹配导航仅仅局限于低空飞行时,且导航精度很难满足高超声速飞行器的需求。由此可见,单纯一种导航系统是很难满足高超声速飞行器任务需求的,需要采用组合导航的方式,达到优势互补。

临近空间大气参数的变化范围广，飞行器气动参数变化剧烈，以至于在飞行的过程中甚至会出现静稳定和静不稳定交替出现的情况。俯仰、偏航、滚转三通道气动耦合力矩很大，再加上参数具有很大的不确定性，较传统飞行器而言，动力学系统快时变、强耦合、模型不确定性等特征更为突出。同时高超声速飞行器气动控制效率有限，必须采用直接力加以控制，由此带来的非线性、参数不确定性等问题使得飞行控制设计变得极为复杂。为了保证高超声速飞行器的稳定飞行，需要设计基于神经网络或者模糊系统等智能算法的自适应非线性鲁棒控制器[24]。

1.2.3 高超声速飞行器控制问题研究现状

目前，高超声速飞行器控制技术的相关研究大多集中于巡航段平衡点附近的鲁棒跟踪控制，主要有线性控制、非线性控制和其他一些方法[25-52]。

1. 线性控制方法

在高超声速飞行器研究的早期，由于 H_∞ 和 μ 综合的技术能够同时兼顾系统的鲁棒性和一定的控制性能，于是针对线性模型展开了广泛的研究[27, 28, 31]。文献[31]考虑到大气湍流和系统不确定性的影响，设计了鲁棒跟踪控制器，并使其达到如下要求：

（1）为降低攻角的变化对发动机性能的不利影响，要求满足攻角与标称值之间的偏差不超过 0.5°；

（2）控制能量极小化；

（3）在系统稳定的条件下，实现高精度地跟踪速度指令和高度指令。

文献【31】通过选取典型的工作点，得到线性模型，然后基于 H_∞/μ 综合技术设计鲁棒控制器，仿真结果表明设计的基于 D-K 迭代得到的 μ 控制器具有很强的鲁棒性能。

但是上述线性模型仅局限于单个工作点附近的有效控制。为了突破这个限制，人们在后来提出了增益调度的思想。这种思想先后取得了一系列的理论研究成果，现已广泛应用于航空航天领域。文献[32]初步研究了高超声速飞行器结构动力学的 LPV（Linear Parameter-varying)模型建立与控制方面的问题。黄显林和葛东明[33, 34]针对飞行器动态出现的强非线性与强耦合特性,将标准的 LPV 控制问题拓展到对时变参数,动态不确定性以及饱和特性具有结构摄动的鲁棒性框架内。文献[35]针对 Doman 等人开发的乘波体模型,建立了可用于基于 LMI 鲁棒控制器设计的 LPV 模型。该方法在工程上应用非常广泛,但是也存在一些缺点,诸如要求系统的参数变化较为缓慢,对系统的动力学模型要求较高(因为要将原动力学模型转化为 LPV 系统)。文献[36]针对纵向模型,通过高阶奇异值分解的方法提出了一种鲁棒 H_2/H_∞ LPV 控制器。运用 LPV 的鲁棒控制方法,在一定程度上增强了控制系统的鲁棒性能,但是对外界干扰很难对付,同时当飞行器在较大范围内飞行时控制效果不是很理想。

2. 滑模控制[37]

滑模控制是变结构控制的一种主要形式,能够使被控系统收敛到或者停留在给定的限制曲面上,并对某些内部和外部的干扰不敏感,使得控制系统具有较好的鲁棒性。滑模控制广泛应用于飞行器不确定性控制的研究,能够在具有建模不确定性的情况下保持系统的稳定性。在实际应用中,由于系统不确定性和实现切换控制的实际问题,符号函数可能导致出现很多问题,比如控制器的高增益和颤振现象。实际工程中不希望出现颤振,因为它需要高的控制功率,并且可能进一步激发在建模中被忽略的高频动态(如未建模的结构模态、被忽略的时滞等)。

文献[47]针对纵向模型,首先进行精确反馈线性化,针对模型中的不确定性,设计出高超声速飞行器滑模控制器,同时针对出现的高增益和控制抖振现象,设计出了带有在线参数估计系统的自适应滑模控制器。文献[39]基于精确反馈线性化的模型设计了一种带修正指数律的滑模控制器。这种设计方法简化了变结构控制律的设计过程,能够很好地消除控制颤振,具有良好的鲁棒性能。由于系统模型存在不确定性,在使用动态逆时会产生逆误差,因此在控制器设计过程当中需要考虑对误差进行补偿。文献[39]针对纵向模型,首先进行精确反馈线性化,在此基础上设计了一种带修正指数律的滑模控制器。这种设计方法简化了变结构控制律的设计过程,能够很好地消除控制颤振,具有良好的鲁棒性能。由于系统模型存在不确定性,在使用动态逆时会产生逆误差,因此在控制器设计过程当中需要考虑对误差进行补偿。文献[40]和[41]将动态逆与滑模控制相结合,有效地解决了模型中参数不确定的问题。文献[42]为了有效克服动态逆方法强烈依赖于控制系统精确数学模型这个缺点,采用神经网络补偿逆误差,改善了控制性能。针对滑模抖振问题,一个比较有效的解决办法是通过在滑模面附近引入边界层而得到一个连续的控制器[43]。文献[44]在对高超声速飞行器进行控制过程中,提出了一种连续滑模控制器,并通过采用干扰观测器对抖振进行抑制。因此传统的滑模控制这种不连续的规律将会被适当平滑,以得到控制带宽和跟踪精确度之间的最佳权衡。

3. Backstepping 控制方法

近年来非线性模型直接控制方法逐渐应用到高超声速飞行器的控制中来。其基本思路是:通过一些特定的假设,将复杂的非线性模型转化为严反馈形式,接下来利用反步法(Backstepping)设计控制器[45]。

文献[46]采用反步法的思想针对系统中参数的不确定性设计了鲁棒控制器。文献[47]基于特定的合理假设设计出了基于Backstepping 的高度控制器,并运用模糊系统在线逼近带有不确定气动参数的非线性函数,仿真结果验证了所设计的控制器具有很强的鲁棒性能。同时伴随着工业计算机的发展,也出现了易于现代数字计算技术实现的离散 Backstepping 控制方法并应用于高超声速飞行器控制器的设计中来。文献[48]采用欧拉近似法,将高超声速飞行器动力学方程的严反馈形式转化为近似离散模型,然后设计了飞行器的反步离散控制器。在此基础上,文献[49]利用模糊系统实时逼近不确定的非线性函数。文献[50]和[52]研究了执行器受限条件下的基于辅助误差动力学的离散自适应控制器。文献[53]采用模糊-神经网络干扰观测器在线逼近吸气式高超声速飞行器系统中的不确定量和外界干扰量,提出了一种自适应 Backstepping 控制器。文献[54]基于状态状态观测器设计出了一种输出反馈控制器,并采用小增益定理分析了闭环系统的稳定性。针对高超声速飞行器部分状态不可直接测量的情况,文献[55]采用浸入与不变流形(Immersion & Invariance, I&I)[56]状态观测器在线估计系统中的部分状态,基于 Backstepping 设计出了基于输出反馈的控制器。基于 Backstepping 的直接控制方法与模糊、神经网络等智能算法相结合,取得了非常理想的控制效果,但是不能很好地解决系统输入受限、状态受限以及执行器具有特定的物理特性约束等复杂控制问题。

4. 轨迹线性化控制[57]

轨迹线性化(Trajecdtory Linerization Control, TLC)是美国 Ohio 大学 Jim J. Zhu 教授在 20 世纪 90 年代中后期逐步建立并发展起来的一种新颖有效的非线性跟踪和解耦控制方法。TLC 的设计思想是首先利用开环的被控对象的伪逆,将轨迹跟踪问题转化为时变非线性的跟踪误差调节问题,然后设计闭环状态反馈调节律,使得整个系统获得满意的控制性能。TLC 方法已经成功应用于导弹、飞控仿真平台、移动机器人和非最小相位系统等工程设计中,取得了良好的控制效果。

轨迹线性化已经应用于高超声速飞行器的控制过程之中[58-60]。作为一种新兴的控制方案,TLC 也存在一些不足。由于非线性时变反馈调节律难以设计,目前 TLC 方法中的闭环系统误差调节器是采用线性时变状态反馈率实现的,虽然它可以获得沿着标称状态的指数稳定,但却是局部的。在系统中存在较大不确定性,TLC 控制性能会降低,甚至失效。另外,在实际工程中,由于物理机械等原因的限制,闭环系统的带宽不能任意配置,必须限制在合理范围之内,而且目前没有统一的设计原则针对不同的设计对象设计时变带宽的变化率,只能通过大量的前期仿真和试验来获得系统带宽调整的先验知识,这无疑增加了设计的复杂度。文献[59]在设计 X-33 飞控系统时,对于正常条件下的闭环系统时变带宽取相同值,即保持定值,仅在执行机构饱和、跨声速、高动压等几个极限状态下,进行小范围的变动。为了克服外界干扰和系统参数的不确定性,文献[61]将扩张状态观测器(Extended State Observer, ESO)与轨迹线性化方法相结合,提出了一种基于 PD-谱理论的鲁棒控制方法。扩张状态观测器用于在线估计干扰量。

5. 基于特征模型的自适应控制方法

基于特征模型的自适应控制方法是吴宏鑫院士 20 世纪 80 年代初提出的[62],该方法遵循钱学森先生在《工程控制论》中的思想“只要比较直观的讲法能够达到目的,我们就不用严密精巧的数学方法来讨论”。[63]

文献[64]在线性系统特征建模的基础上[65]，针对 X-34 的爬升控制面临的无被控对象的解析动力学模型问题，考虑设计基于特征模型的自适应控制。同时针对类 X-20 的滑翔控制开展了包括基于特征模型的补偿控制[66]，基于解耦特征模型的自适应控制和[67]基于多输入多输出特征模型的自适应控制。由于基于解耦特征模型方法更为简单，因此非常适用于工程应用。近年来，基于特征模型的高超声速飞行器的爬升、滑翔和再入控制问题得到了系统的研究，很好地解决了目前工程应用中控制方法复杂化的问题。

经过几十年的发展，基于特征模型的自适应控制方法在有关变参数、强耦合和强不确定性的高超声速飞行器的应用取得了很大的进步。但是在有关执行器物理约束的问题解决没有取得突破。

关于高超声速飞行器的控制方法还包括 L1 自适应控制方法[68]等。利用这些方法设计的控制器在某些特定环境下均取得了非常理想的控制效果，但是这些方法不能很好地将系统鲁棒性、输入量受限、状态量受限、执行器本身的物理特性约束等复杂情况考虑在内。这些需要我们继续为之而奋斗。

1.3 本书结构安排

本书针对高超声速飞行器的控制系统的设计开展研究。首先采用动态逆法和模糊自适应控制方法对存在参数不确定性和外界未知有界干扰的高超声速飞行器素和高进行控制；针对不满足匹配条件的攻角跟踪控制运动模型，引入 Backsteeping 法，并与模糊自适应、动态面、Nussbaum 增益函数、约束 Lyapunov 函数(Barrier Lyapunov function)、可规定性能技术(Prescribed performance)、指令滤波器(Command filter)等技术相结合，提出了在控制输入、输出跟踪误差和状态受限条件下含有不确定参数和外界未知有界干扰的非线性系统鲁棒控制方法，具体内容如下：

第 1 章介绍了高超声速飞行器的发展历程，关键技术，控制技术的发展和现状，在总结前人研究成果的基础上，指出目前控制系统尚未解决的问题。

第 2 章给出了高超声速飞行器的气动力学参数并同时建立运动模型,对其动态特性进行了分析,为接下来的控制器设计打下良好的基础。

第 3 章针对高超声速飞行器纵向模型,进行完全反馈线性化,采用动态逆设计出理想的控制器,利用模糊系统实时逼近系统中的不确定函数,并引入鲁棒补偿项,提出了一种具有 H_∞ 性能的模糊自适应控制器设计方法。在此基础上,为了克服传统的模糊控制器辨识参数多,计算量随着模糊系统变量的增多而呈指数增长的这个缺点,引入分层模糊系统,设计出具有 H_∞ 性能的基于分层模糊系统的自适应控制器,并将分层模糊系统的辨识参数与传统模糊系统进行了定量分析。

第 4 章针对不满足匹配条件的高超声速飞行器攻角跟踪纯反馈非线性系统,引入 Backstepping 方法,分别针对控制增益已知、控制增益未知以及系统状态不可直接测量三种情况,结合动态面法、Butterworth 低通滤波器、Nussbaum 增益函数、双曲正切函数、模糊状态观测器等技术,提出在输入受限条件下的模糊自适应鲁棒控制方案。并在带有参数不确定性和外界未知有界干扰的仿真环境下进行仿真验证。

第 5 章中运用约束 Lyapunov 函数(Barrier Lyapunov Function, BLF)和可规定性能技术(Prescribed performance)对在第 4 章中控制增益未知的输入受限的非线性系统的输出跟踪误差进行限定。在技术层面保证了控制系统的精度。

第 6 章针对在高超声速飞行器飞行的过程中,状态变量也会受到一定的约束,为了能够使得状态变量保持在一定范围内,并同时考虑执行器幅值与物理特性,将具有幅值、速度和带宽约束的指令滤波器(Command Filter)与自适应模糊 Backstepping 方法相结合,提出一种基于指令滤波器的自适应模糊 Backstepping 控制方案。

第 7 章中对全书的研究成果进行总结,并罗列出尚未解决的问题,对后续问题的研究具有一定的借鉴意义。

本书主要内容和结构安排如图 1.5 所示。

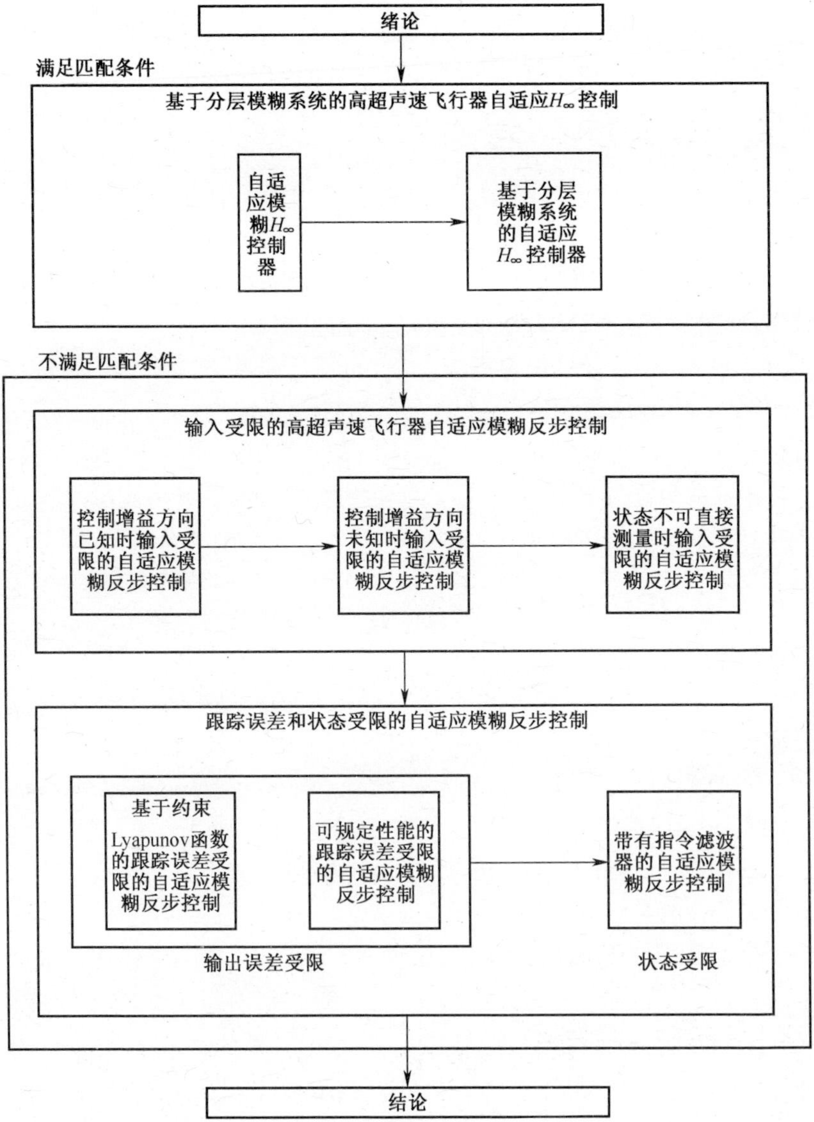

绪论
满足匹配条件
基于分层模糊系统的高超声速飞行器自适应H_∞控制
自适应模糊H_∞控制器
基于分层模糊系统的自适应H_∞控制器
不满足匹配条件
输入受限的高超声速飞行器自适应模糊反步控制
控制增益方向已知时输入受限的自适应模糊反步控制
控制增益方向未知时输入受限的自适应模糊反步控制
状态不可直接测量时输入受限的自适应模糊反步控制
跟踪误差和状态受限的自适应模糊反步控制
基于约束Lyapunov函数的跟踪误差受限的自适应模糊反步控制
可规定性能的跟踪误差受限的自适应模糊反步控制
带有指令滤波器的自适应模糊反步控制
输出误差受限
状态受限
结论

图 1.5　本书结构框图

第 2 章　高超声速飞行器模型的建立与分析

2.1 引　言

目前,在高超声速飞行器控制所用的数学模型研究中,文献资料研究得最多、最深入的主要是锥体加速器和乘波体两种模型。其中乘波体模型采用了机身、发动机一体化建模的方法,且加入了弹性振动,能够比较真实地体现高超声速飞行中气动/热/结构/发动机相互耦合的现象。但是乘波体的相关气动数据与发动机模型是采用气动力工程预估的方法建立的,其数据的真实性较差。相比之下,锥体加速器模型是通过大量的风洞试验与 CFD 计算得到,建立了较为全面且真实的气动数据库与超燃冲压发动机推力模型,被广泛应用于制导与控制的设计与仿真试验中。

2.2 锥体加速器模型

美国国家航空航天局兰利研究中心(NASA Langley)开发的一种高超声速概念飞行器(Winged-Cone)仿真模型如图 2.1 所示,飞行器集合参数见表 2.1。Winged-Cone 为水平起飞、水平降落的单级入轨(Single-Stage-To-Orbit, SSTO)高超声速飞行器,是一种轴对称的锥形前体,机身总长度 60.96m(200ft),质量 136080kg(300000lb)。其全部的气动数据已经公开,利于试验研究[69-71]。

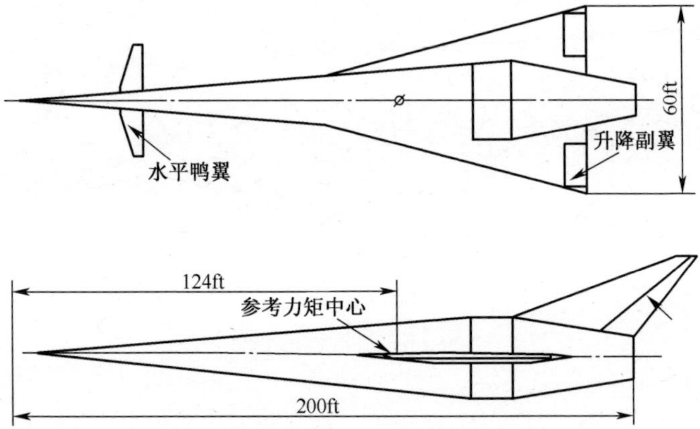

图 2.1　有翼锥构型高超声速飞行器 Winged-Cone 三视图

表 2.1　Winged-Cone 的几何特征

机　　翼	
参考面积(Reference area)/ ft^2	3603.00
纵横比	1.00
翼展(span)/ft	60.00
前缘后掠角(Leading edge sweep angle)/(°)	75.97
后缘后掠角(Trailing edge sweep angle)/(°)	0.00
平均气动弦长(Mean aerodynamic chord)/ft	80.00
翼型界面(Airfoil section)	棱形
相对厚度(Airfoil thickness to chord ration)/%	4.00
上反角(Dihedral)/(°)	0.00
垂　　尾	
前缘后掠角(Leading edge sweep angle)/(°)	70
后缘后掠角(Trailing edge sweep angle)/(°)	38.13
翼剖面(Airfoil section)	棱形
相对厚度(Airfoil thickness to chord ration)/%	4

（续）

机　　身	
长度(Theoretical length)/ft	200
力矩参考中心(Momentum reference centre)/ft	124.01
半锥角(Cone half angle)/(°)	5

2.3　气动力与发动机模型

2.3.1　气动力模型

采用工程预测计算软件计算飞行器的相关气动力与气动力矩的模型。

（1）亚声速、超声速部分的气动力计算使用美国国家航空航天局兰利研究中心和罗克韦尔公司(Rockwell International Inc.)联合开发的 APAS(Aerodynamic Preliminary Analysis System)；

（2）当马赫数 $M_a \geqslant 2.5$ 时，气动力的计算使用美国空军和原道格拉斯公司联合开发的 HABP(Hypersonic Arbitrary Body Program)。

本书主要研究高超声速飞行器的相关控制律的设计问题，因此在此只给出高超声速段的气动模型以及其系数的拟合公式。飞行器所受到的总的气动力与气动力矩由两部分组成：飞行器机体受到的气动力与气动力矩和控制舵面偏转所引起的力与力矩。其中飞行器机体所产生的升力、阻力、侧力系数和横滚、俯仰、偏航力矩系数均可以表示为攻角 α 和马赫数 M_a 的函数，控制舵面偏转所引起的附加气动系数也是关于攻角、马赫数和舵面偏转角的函数。下面将依阻力、升力、侧力、滚转力矩、俯仰力矩、偏航力矩的顺序进行介绍。

1. 阻力

机体产生的阻力系数为 C_{D_α}，它关于攻角和马赫数的函数；由右升降舵产生的阻力系数为 C_{D,δ_a}，左升降舵产生的阻力系数为 C_{D,δ_e}，方向舵产生的阻力系数为 C_{D,δ_r}，鸭翼产生的阻力系数为 C_{D,δ_c}。这些系数之和为总阻力系数。

$$C_D = C_{D_\alpha} + C_{D,\delta_a} + C_{D,\delta_e} + C_{D,\delta_r} + C_{D,\delta_c} \tag{2.1}$$

总阻力表示为

$$D = \bar{q} S_{\text{ref}} C_D \tag{2.2}$$

式中：$\bar{q}$ 为动压；S_{ref} 为参考面积。

经过验证，高超声速飞行器阶段鸭翼对气动力的影响很小，因此 C_{D,δ_c} 取0（下同），其他各系数的拟合公式为

$$\begin{aligned} C_{D_\alpha} = {} & 8.717 \times 10^{-2} - 3.307 \times 10^{-2} M_a \\ & + 3.179 \times 10^{-3} \alpha - 1.250 \times 10^{-4} \alpha M_a \\ & + 5.036 \times 10^{-3} M_a^2 - 0.100 \times 10^{-3} \alpha^2 + 1.405 \times 10^{-7} \alpha^2 M_a^2 \\ & - 3.658 \times 10^{-4} M_a^3 + 3.175 \times 10^{-4} \alpha^3 + 1.274 \times 10^{-5} M_a^4 \\ & - 2.985 \times 10^{-5} \alpha^4 - 1.705 \times 10^{-7} M_a^5 + 9.766 \times 10^{-7} \alpha^5 \end{aligned} \tag{2.3}$$

$$\begin{aligned} C_{D,\delta_a} = {} & 4.02 \times 10^{-4} + 2.34 \times 10^{-5} \alpha \\ & - 1.02 \times 10^{-4} M_a - 3.46 \times 10^{-5} \delta_a \\ & - 5.38 \times 10^{-7} \alpha M_a \delta_a + 3.08 \times 10^{-6} \alpha^2 \\ & + 2.61 \times 10^{-6} M_a^2 + 6.84 \times 10^{-6} \delta_a^2 \\ & + 5.28 \times 10^{-12} \alpha^2 M_a^2 \delta_a^2 \end{aligned} \tag{2.4}$$

$$\begin{aligned} C_{D,\delta_e} = {} & 4.02 \times 10^{-4} + 2.34 \times 10^{-5} \alpha \\ & - 1.02 \times 10^{-4} M_a - 3.46 \times 10^{-5} \delta_e \\ & - 5.38 \times 10^{-7} \alpha M_a \delta_e + 3.08 \times 10^{-6} \alpha^2 \\ & + 2.61 \times 10^{-6} M_a^2 + 6.84 \times 10^{-6} \delta_e^2 \\ & + 5.28 \times 10^{-12} \alpha^2 M_a^2 \delta_e^2 \end{aligned} \tag{2.5}$$

$$\begin{aligned} C_{D,\delta_r} = {} & 7.50 \times 10^{-4} - 2.29 \times 10^{-5} \alpha - 9.69 \times 10^{-5} M_a \\ & - 1.83 \times 10^{-6} \delta_r + 9.13 \times 10^{-9} \alpha M_a \delta_r \\ & + 8.76 \times 10^{-7} \alpha^2 + 2.70 \times 10^{-6} M_a^2 \\ & + 1.97 \times 10^{-6} \delta_r^2 - 1.77 \times 10^{-11} \alpha^2 M_a^2 \delta_r^2 \end{aligned} \tag{2.6}$$

2. 升力

机体产生的升力系数为 C_{L_α}，它是关于攻角和马赫数的函数；由右升降舵产生的升力系数为 C_{L,δ_a}，左升降舵产生的升力系数 C_{L,δ_e}，鸭翼

产生的升力系数为 C_{L,δ_c}，它们均是攻角、相关舵偏转角和马赫数的函数。这些系数相加得到总的升力系数为

$$C_L = C_{L_\alpha} + C_{L,\delta_a} + C_{L,\delta_e} + C_{L,\delta_c} \tag{2.7}$$

总升力为

$$L = \bar{q} S_{\text{ref}} C_L \tag{2.8}$$

各系数的拟合公式为

$$\begin{aligned} C_{L_\alpha} = & -8.19 \times 10^{-2} + 4.70 \times 10^{-2} M_a \\ & + 1.86 \times 10^{-2} \alpha - 4.73 \times 10^{-4} \alpha M_a \\ & - 9.19 \times 10^{-3} M_a^2 - 1.52 \times 10^{-4} \alpha^2 \\ & + 5.99 \times 10^{-7} \alpha^2 M_a^2 + 7.74 \times 10^{-4} M_a^3 \\ & + 4.08 \times 10^{-6} \alpha^3 - 2.93 \times 10^{-5} M_a^4 \\ & - 3.91 \times 10^{-7} \alpha^4 + 4.12 \times 10^{-7} M_a^5 \\ & + 1.30 \times 10^{-8} \alpha^5 \end{aligned} \tag{2.9}$$

$$\begin{aligned} C_{L,\delta_a} = & -1.45 \times 10^{-5} + 1.01 \times 10^{-4} \alpha \\ & + 7.10 \times 10^{-6} M_a - 4.14 \times 10^{-4} \delta_a \\ & - 3.51 \times 10^{-6} \alpha \delta_a + 4.70 \times 10^{-6} \alpha M_a \\ & + 8.72 \times 10^{-6} M_a \delta_a - 1.70 \times 10^{-7} \alpha M_a \delta_a \end{aligned} \tag{2.10}$$

$$\begin{aligned} C_{L,\delta_e} = & -1.45 \times 10^{-5} + 1.01 \times 10^{-4} \alpha \\ & + 7.10 \times 10^{-6} M_a - 4.14 \times 10^{-4} \delta_e \\ & - 3.51 \times 10^{-6} \alpha \delta_e + 4.70 \times 10^{-6} \alpha M_a \\ & + 8.72 \times 10^{-6} M_a \delta_e - 1.70 \times 10^{-7} \alpha M_a \delta_e \end{aligned} \tag{2.11}$$

3. 侧力

由侧滑产生的侧力系数为 C_{Y_β}，它是攻角和马赫数的函数；由右升降舵产生的侧力系数为 C_{Y,δ_a}，左升降舵产生的侧力系数为 C_{Y,δ_e}，方向舵产生的侧力系数为 C_{Y,δ_r}，它们分别是攻角、相应舵偏角和马赫数的函数。这些系数之和为总侧力系数(侧滑角的单位为弧度)。

$$C_Y = C_{Y\beta} + C_{Y,\delta_a} + C_{Y,\delta_e} + C_{Y,\delta_r} \tag{2.12}$$

总侧力为

$$Y = \bar{q} S_{\text{ref}} C_Y \tag{2.13}$$

其他各系数的拟合公式为

$$\begin{aligned}C_{Y\beta} = {} & 1.76 + 0.458M_a - 3.26\times10^{-3}\alpha \\ & + 3.80\times10^{-5}\alpha M_a - 6.36\times10^{-2}M_a^2 \\ & + 2.36\times10^{-3}\alpha^2 + 3.45\times10^{-7}\alpha^2 M_a^2 \\ & + 4.44\times10^{-3}M_a^3 - 6.03\times10^{-4}\alpha^3 \\ & - 1.51\times10^{-4}M_a^4 + 4.52\times10^{-5}\alpha^4 \\ & + 1.98\times10^{-6}M_a^5 - 1.09\times10^{-6}\alpha^5\end{aligned} \tag{2.14}$$

$$\begin{aligned}C_{Y,\delta_a} = {} & -1.02\times10^{-6} - 1.12\times10^{-7}\alpha \\ & + 4.48\times10^{-7}M_a + 2.27\times10^{-7}\delta_a \\ & + 4.11\times10^{-9}\alpha M_a\delta_a + 2.82\times10^{-9}\alpha^2 \\ & - 2.36\times10^{-8}M_a^2 - 5.04\times10^{-8}\delta_a^2 \\ & + 4.50\times10^{-14}\alpha^2 M_a^2\delta_a^2\end{aligned} \tag{2.15}$$

$$\begin{aligned}C_{Y,\delta_e} = {} & 1.02\times10^{-6} + 1.12\times10^{-7}\alpha \\ & - 4.48\times10^{-7}M_a - 2.27\times10^{-7}\delta_a \\ & - 4.11\times10^{-9}\alpha M_a\delta_a - 2.82\times10^{-9}\alpha^2 \\ & + 2.36\times10^{-8}M_a^2 + 5.04\times10^{-8}\delta_a^2 \\ & - 4.50\times10^{-14}\alpha^2 M_a^2\delta_a^2\end{aligned} \tag{2.16}$$

$$\begin{aligned}C_{Y,\delta_r} = {} & -1.43\times10^{-18} + 4.86\times10^{-20}\alpha \\ & + 1.86\times10^{-19}M_a + 3.84\times10^{-4}\delta_r \\ & - 1.17\times10^{-5}\alpha\delta_r - 1.07\times10^{-5}M_a\delta_r \\ & + 2.60\times10^{-7}\alpha M_a\delta_r\end{aligned} \tag{2.17}$$

4. 滚转力矩

滚转力矩(相对于力矩参考中心):由侧滑产生的滚转力矩系数 $C_{l,\beta}$,它是攻角与马赫数的函数;由右升降舵产生的滚转力矩系数为 C_{l,δ_a} ,左升降舵产生的滚转力矩系数为 C_{l,δ_e} ,方向舵产生的滚转力矩系数为 C_{l,δ_r} ,它们分别是攻角、相应舵偏转角和马赫数的函数;由滚转角速度和偏航角速度引起的滚转力矩系数为 $C_{l,p}$ 和 $C_{l,r}$,它们分别是攻角和马赫数的函数。这些系数相加得到总滚转力矩系数为

$$C_l = C_{l,\beta} + C_{l,\delta_a} + C_{l,\delta_e} + C_{l,\delta_r} + C_{l,p}\left(\frac{pb}{2V}\right) + C_{l,r}\left(\frac{rb}{2V}\right) \tag{2.18}$$

式中：$\frac{pb}{2V}$为无量纲滚转角速度；$\frac{rb}{2V}$为偏转角速度。总滚转力矩为

$$l = \bar{q}S_{\text{ref}}C_l \tag{2.19}$$

各系数的拟合公式为

$$\begin{aligned} C_{l,\beta} = & -1.402 \times 10^{-1} + 3.326 \times 10^{-2}M_a \\ & -7.590 \times 10^{-4}\alpha + 8.596 \times 10^{-6}\alpha M_a \\ & -3.794 \times 10^{-3}M_a^2 + 2.354 \times 10^{-6}\alpha^2 \\ & -1.044 \times 10^{-8}\alpha^2 M_a^2 + 2.219 \times 10^{-4}M_a^3 \\ & -8.964 \times 10^{-18}\alpha^3 - 6.462 \times 10^{-6}M_a^4 \\ & +3.803 \times 10^{-19}\alpha^4 + 7.419 \times 10^{-8}M_a^5 \\ & -3.353 \times 10^{-21}\alpha^5 \end{aligned} \tag{2.20}$$

$$\begin{aligned} C_{l,\delta_a} = & 3.570 \times 10^{-4} - 9.569 \times 10^{-5}\alpha \\ & -3.598 \times 10^{-5}M_a + 1.170 \times 10^{-4}\delta_a \\ & +2.794 \times 10^{-8}\alpha M_a \delta_a + 4.950 \times 10^{-6}\alpha^2 \\ & +1.411 \times 10^{-6}M_a^2 - 1.160 \times 10^{-6}\delta_a^2 \\ & -4.641 \times 10^{-11}\alpha^2 M_a^2 \delta_a^2 \end{aligned} \tag{2.21}$$

$$\begin{aligned} C_{l,\delta_e} = & -3.570 \times 10^{-4} + 9.569 \times 10^{-5}\alpha \\ & +3.598 \times 10^{-5}M_a - 1.170 \times 10^{-4}\delta_a \\ & -2.794 \times 10^{-8}\alpha M_a \delta_a - 4.950 \times 10^{-6}\alpha^2 \\ & -1.411 \times 10^{-6}M_a^2 + 1.160 \times 10^{-6}\delta_a^2 \\ & +4.641 \times 10^{-11}\alpha^2 M_a^2 \delta_a^2 \end{aligned} \tag{2.22}$$

$$\begin{aligned} C_{l,\delta_r} = & -5.0103 \times 10^{-19} + 6.2723 \times 10^{-20}\alpha \\ & +2.3418 \times 10^{-20}M_a + 1.1441 \times 10^{-4}\delta_r \\ & -2.6824 \times 10^{-6}\alpha\delta_r - 3.4201 \times 10^{-21}\alpha M_a \\ & -3.5496 \times 10^{-6}M_a\delta_r + 5.5547 \times 10^{-8}\alpha M_a \delta_r \end{aligned} \tag{2.23}$$

$$\begin{aligned} C_{l,r} = & 0.382 - 0.106M_a + 1.94 \times 10^{-3}\alpha \\ & -8.15 \times 10^{-5}\alpha M_a + 1.45 \times 10^{-2}M_a^2 \\ & -9.76 \times 10^{-6}\alpha^2 + 4.49 \times 10^{-8}\alpha^2 M_a^2 \\ & +1.02 \times 10^{-3}M_a^3 - 2.70 \times 10^{-7}\alpha^3 \end{aligned}$$

$$
\begin{aligned}
&+3.56\times10^{-5}M_a^4+3.19\times10^{-8}\alpha^4\\
&-4.81\times10^{-7}M_a^5-1.06\times10^{-9}\alpha^5 \qquad (2.24)
\end{aligned}
$$

$$
\begin{aligned}
C_{l,p}=&-0.299+7.47\times10^{-2}M_a+1.38\times10^{-3}\alpha\\
&-8.78\times10^{-5}\alpha M_a-9.13\times10^{-3}M_a^2\\
&-2.04\times10^{-4}\alpha^2-1.52\times10^{-7}\alpha^2M_a^2\\
&+5.73\times10^{-4}M_a^3-3.86\times10^{-5}\alpha^3\\
&-1.79\times10^{-5}M_a^4+4.21\times10^{-6}\alpha^4\\
&+2.20\times10^{-7}M_a^5-1.15\times10^{-7}\alpha^5 \qquad (2.25)
\end{aligned}
$$

对于这种具有对称气动外形的飞行器而言，由于力矩参考中心和重力中心位于 x 轴，因此 z 轴和 y 轴所受的气动力不会引起滚转力矩。

5. 俯仰力矩

俯仰力矩（相对于力矩参考中心）：由机体产生的俯仰力矩系数为，为攻角和马赫数的函数；由右升降舵产生的力矩系数为 C_{m,δ_a}，左升降舵产生的力矩系数 C_{m,δ_e}，方向舵产生的俯仰力矩系数 C_{m,δ_r}，它们分别是由攻角、相应舵的偏转角和马赫数的函数；同时也有来自于俯仰角速度所引起的俯仰力矩系数为 C_{mq}，其也是攻角和马赫数的函数。这些系数相加得到总俯仰力矩系数：

$$
C_m=C_{m\alpha}+C_{m,\delta_a}+C_{m,\delta_e}+C_{m,\delta_r}+C_{mq}\left(\frac{qc}{2V}\right) \qquad (2.26)
$$

式中：$\left(\frac{qc}{2V}\right)$ 为无量纲俯仰角速度。

总俯仰力矩为

$$
M=\bar{q}cS_{\mathrm{ref}}C_m \qquad (2.27)
$$

各系数的拟合公式为

$$
\begin{aligned}
C_{m\alpha}=&-5.67\times10^{-5}-6.59\times10^{-5}\alpha-1.51\times10^{-6}M_a\\
&+2.89\times10^{-4}\delta_a+4.48\times10^{-6}\alpha\delta_a-4.46\times10^{-6}\alpha M_a\\
&-5.87\times10^{-6}M_a\delta_a+9.72\times10^{-8}\alpha M_a\delta_a
\end{aligned} \qquad (2.28)
$$

$$
\begin{aligned}
C_{m,\delta_a}=&-5.67\times10^{-5}-6.59\times10^{-5}\alpha-1.51\times10^{-6}M_a\\
&+2.89\times10^{-4}\delta_a+4.48\times10^{-6}\alpha\delta_a-4.46\times10^{-6}\alpha M_a
\end{aligned}
$$

$$- 5.87 \times 10^{-6} M_a \delta_a + 9.72 \times 10^{-8} \alpha M_a \delta_a \tag{2.29}$$

$$\begin{aligned} C_{m,\delta_e} = & -5.67 \times 10^{-5} - 6.59 \times 10^{-5}\alpha - 1.51 \times 10^{-6} M_a \\ & + 2.89 \times 10^{-4}\delta_e + 4.48 \times 10^{-6}\alpha\delta_e - 4.46 \times 10^{-6}\alpha M_a \\ & - 5.87 \times 10^{-6} M_a \delta_e + 9.72 \times 10^{-8}\alpha M_a \delta_e \end{aligned} \tag{2.30}$$

$$\begin{aligned} C_{m,\delta_r} = & -2.79 \times 10^{-5}\alpha - 5.89 \times 10^{-8}\alpha^2 + 1.58 \times 10^{-3} M_a^2 \\ & + 6.42 \times 10^{-8}\alpha^3 - 6.69 \times 10^{-4} M_a^3 - 2.10 \times 10^{-8}\alpha^4 \\ & + 1.05 \times 10^{-4} M_a^4 + 1.43 \times 10^{-7}\delta_r^4 + 3.14 \times 10^{-9}\alpha^5 \\ & - 7.74 \times 10^{-6} M_a^5 - 4.77 \times 10^{-22}\delta_r^5 - 2.18 \times 10^{-10}\alpha^6 \\ & + 2.70 \times 10^{-7} M_a^6 - 3.38 \times 10^{-10}\delta_r^6 + 5.74 \times 10^{-12}\alpha^7 \\ & - 3.58 \times 10^{-9} M_a^7 + 2.63 \times 10^{-24}\delta_r^7 \end{aligned} \tag{2.31}$$

$$\begin{aligned} C_{mq} = & -1.36 + 0.386 M_a + 7.85 \times 10^{-4}\alpha + 1.40 \times 10^{-4}\alpha M_a \\ & - 5.42 \times 10^{-2} M_a^2 + 2.36 \times 10^{-3}\alpha^2 - 1.95 \times 10^{-6}\alpha^2 M_a^2 \\ & + 3.80 \times 10^{-3} M_a^3 - 1.48 \times 10^{-3}\alpha^3 - 1.30 \times 10^{-4} M_a^4 \\ & + 1.69 \times 10^{-4}\alpha^4 + 1.71 \times 10^{-6} M_a^5 - 5.93 \times 10^{-6}\alpha^5 \end{aligned} \tag{2.32}$$

对于具有此类外形的飞行器而言，关于重力中心的气动俯仰力矩为

$$M_a = M - x_{cg} Z \tag{2.33}$$

式中：x_{cg} 为质心到纵向压心的距离；Z 为 z 轴的气动力。而 z 轴的气动力可表示为

$$Z = -D\sin\alpha - L\cos\alpha \tag{2.34}$$

由于重力中心和力矩参考中心都在 x 轴上，因此 x 轴上的气动力不产生俯仰力矩。

6. 偏航力矩

偏航力矩（相对于力矩参考中心）：由侧滑产生的偏航力矩系数 $C_{n\beta}$，它是攻角和马赫数的函数；由右升降舵产生的偏航力矩系数 C_{n,δ_a}，左升降舵产生的偏航力矩系数 C_{n,δ_e}，方向舵产生的偏航力矩系数

为 C_{n,δ_r}

$$C_n = C_{n\beta} + C_{n,\delta_a} + C_{n,\delta_e} + C_{n,\delta_r} + C_{np}\left(\frac{pb}{2V}\right) + C_{nr}\left(\frac{rb}{2V}\right) \quad (2.35)$$

总偏航力矩为

$$\overline{N}_{\text{mrc}} = \bar{q}bS_{\text{ref}}C_n \quad (2.36)$$

各系数的拟合公式为

$$\begin{aligned}C_{n\beta} = {} & 0.368 + 6.03 \times 10^{-16}\alpha - 9.79 \times 10^{-2}M_a - 3.84 \times 10^{-16}\alpha^2 \\ & + 1.24 \times 10^{-2}M_a^2 + 8.58 \times 10^{-17}\alpha^3 - 8.05 \times 10^{-4}M_a^3 \\ & - 7.75 \times 10^{-18}\alpha^4 + 2.57 \times 10^{-5}M_a^4 + 2.42 \times 10^{-19}\alpha^5 \\ & - 3.20 \times 10^{-7}M_a^5\end{aligned} \quad (2.37)$$

$$\begin{aligned}C_{n,\delta_a} = {} & 2.10 \times 10^{-4} + 1.83 \times 10^{-5}\alpha - 3.56 \times 10^{-5}M_a \\ & - 1.30 \times 10^{-5}\delta_a - 8.93 \times 10^{-8}\alpha M_a\delta_a - 6.39 \times 10^{-7}\alpha^2 \\ & + 8.16 \times 10^{-7}M_a^2 + 1.97 \times 10^{-6}\delta_a^2 + 1.41 \times 10^{-11}\alpha^2 M_a^2\delta_a^2\end{aligned} \quad (2.38)$$

$$\begin{aligned}C_{n,\delta_e} = {} & -2.10 \times 10^{-4} - 1.83 \times 10^{-5}\alpha + 3.56 \times 10^{-5}M_a \\ & + 1.30 \times 10^{-5}\delta_e + 8.93 \times 10^{-8}\alpha M_a\delta_e + 6.39 \times 10^{-7}\alpha^2 \\ & - 8.16 \times 10^{-7}M_a^2 - 1.97 \times 10^{-6}\delta_e^2 - 1.41 \times 10^{-11}\alpha^2 M_a^2\delta_e^2\end{aligned} \quad (2.39)$$

$$\begin{aligned}C_{n,\delta_r} = {} & 2.85 \times 10^{-18} - 3.59 \times 10^{-19}\alpha - 1.26 \times 10^{-19}M_a \\ & - 5.28 \times 10^{-4}\delta_r + 1.39 \times 10^{-5}\alpha\delta_r + 1.57 \times 10^{-20}\alpha M_a \\ & + 1.65 \times 10^{-5}M_a\delta_r - 3.13 \times 10^{-7}\alpha M_a\delta_r\end{aligned} \quad (2.40)$$

$$\begin{aligned}C_{np} = {} & 0.368 - 9.79 \times 10^{-2}M_a + 9.55 \times 10^{-16}\alpha - 2.79 \times 10^{-17}\alpha M_a \\ & + 1.24 \times 10^{-2}M_a^2 - 4.26 \times 10^{-16}\alpha^2 + 7.00 \times 10^{-20}\alpha^2 M_a^2 \\ & - 8.05 \times 10^{-4}M_a^3 + 9.40 \times 10^{-17}\alpha^3 + 2.57 \times 10^{-5}M_a^4 \\ & - 8.90 \times 10^{-18}\alpha^4 - 3.20 \times 10^{-7}M_a^5 + 2.99 \times 10^{-19}\alpha^5\end{aligned} \quad (2.41)$$

$$C_{nr} = -2.41 + 0.596M_a - 2.74 \times 10^{-3}\alpha + 2.09 \times 10^{-4}\alpha M_a$$

$$
\begin{aligned}
&- 7.57 \times 10^{-2} M_a^2 + 1.15 \times 10^{-3} \alpha^2 - 6.53 \times 10^{-8} \alpha^2 M_a^2 \\
&+ 4.90 \times 10^{-3} M_a^3 - 3.87 \times 10^{-4} \alpha^3 - 1.57 \times 10^{-4} M_a^4 \\
&+ 3.60 \times 10^{-5} \alpha^4 + 1.96 \times 10^{-6} M_a^5 - 0.18 \times 10^{-6} \alpha^5
\end{aligned}
\tag{2.42}
$$

对于此种外形的飞行器而言,关于重力中心的气动偏航力矩为

$$
\overline{N}_{\mathrm{mrc}} = \overline{N} - x_{\mathrm{cg}} Y \tag{2.43}
$$

飞行器的质量模型是基于器刚体结构的假设。飞行器的总质量、重力中心位置以及转动惯量都会随燃料的消耗而发生变化。起飞质量为 295000lb,发动机关机质量 140000lb,通过飞行过程中不同状态的飞行器质量值,估算相应的重力中心位置和转动惯量 I_{XX}, I_{YY}, I_{ZZ} ,并将其表示为飞行器质量函数。

2.3.2 发动机模型

该模型提供了纵向以及横测向气动数据库,包含的飞行状态(如马赫数、攻角)跨度大,且考虑质量随燃料的消耗而变化,采用了组合循环推进系统,发动机模式包含了涡轮、冲压、超燃冲压和火箭助推等。涡轮发动机非常适用于低速阶段任务,在马赫数小于 3 时具有准确的性能,这种推进模式是为了在起飞时,能以小压力比和低转速飞行而设计的。当马赫数大于 3 后,冲压发动机开始有效地工作,飞行马赫数可以提高到 6。超然冲压发动机与冲压发动机类似,只是燃烧室在超声速段工作,当飞行速度大于马赫数 6 时,超然冲压发动机才能有效工作。组合循环发动机最大可以产生 330000lb 的推力。

令质量为 m ,燃油率为 $\dot{m}$,喷流速为 η ,则发动机产生的推力可表示为

$$
T = \dot{m}\eta \tag{2.44}
$$

当 $2 \leqslant M_a \leqslant 6$ 时,推力数据可拟合为[72]:

$$
\begin{aligned}
T = \mathrm{PLA} \times (&7.53 \times 10^{-2} M_a^7 - 1.50 \times 10^4 M_a^6 + 1.16 \times 10^5 M_a^5 +) \\
&(8.07 \times 10^5 M_a^3 - 6.97 \times 10^5 M_a^2 + 3.94 \times 10^5 Ma + 3.93 \times 10^{-8})
\end{aligned}
\tag{2.45}
$$

当 $6 \leqslant M_a \leqslant 24, h < 57000\text{ft}$ 时,推力数据可拟合为:

$$T = -5.43 \times 10^4 + 0.664h + 3.24 \times 10^5 \times \text{PLA} + 0.374h \times \text{PLA} \tag{2.46}$$

当 $h \geqslant 57000\text{ft}$ 时,推力数据可拟合为:

$$T = -1.64 \times 10^4 + 3.24 \times 10^5 \times \text{PLA} + 3.24 \times 10^5 \times \text{PLA} + 2.1295 \times 10^4 \times \text{PLA} \tag{2.47}$$

其中,PLA 为发动机阀门,其取值范围是 0~1。

2.4 简化模型

对吸气式高超声速飞行器的控制研究目前集中在巡航段的纵向控制,下面将对上述建立的气动力与发动机模型进行合理简化。首先进行对飞行器的纵向平面运动方程进行建立。

在建模之前,做出以下假设:

(1) 忽略地球曲率和自转,将地面坐标系视为惯性坐标系;

(2) 文中飞行器被视为理想刚体;

(3) 作用在飞行器上的所有外力的合力均可等效为重心上的合力。

在这些假设的基础上,对飞行器纵向面进行受力分析:

图 2.2 中, $Oxyz$ 为地面惯性坐标系; P 为质心, $Px'y'z'$ 表示为机体坐标系; α、γ 和 V 分别表示为飞行器攻角,航迹倾角和飞行速度; T、D、L 分别表示为所受到的推力、阻力和升力。

参考文献[7],可得在地面惯性坐标系下高超声速飞行器模型纵向平面的运动方程如下:

$$\begin{cases} \dot{V} = \dfrac{T\cos\alpha - D}{m} - \dfrac{\mu\sin\gamma}{r^2} \\ \dot{\gamma} = \dfrac{L + T\sin\alpha}{mV} - \dfrac{(\mu - V^2 r)\cos\gamma}{Vr^2} \\ \dot{h} = V\sin\gamma \\ \dot{\alpha} = q - \dot{\gamma} \\ \dot{q} = \dfrac{M_{yy}}{I_{yy}} \end{cases} \tag{2.48}$$

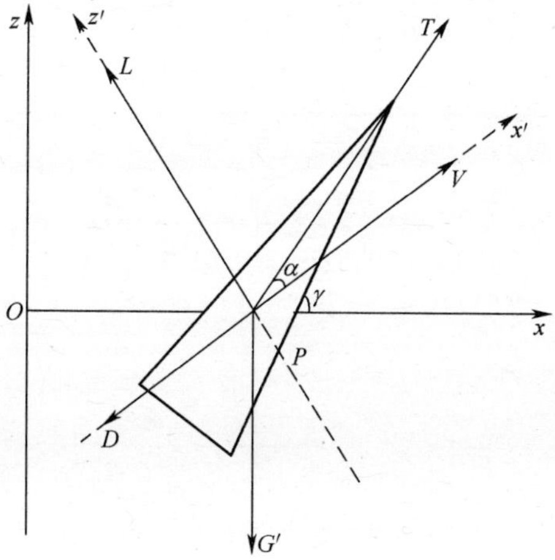

图 2.2　纵向平面受力分析

式中：μ 为引力常量；q 为俯仰角速度；M_{yy} 俯仰轴上受到的俯仰力矩；I_{yy} 为俯仰轴上的转动惯量。

式(2.48)中飞行器所受到的气动力与力矩具体表达形式如下：

$$\begin{cases} L = 0.5\rho V^2 S C_L \\ D = 0.5\rho V^2 S C_D \\ T = 0.5\rho V^2 S C_T \\ M_{yy} = 0.5\rho V^2 S \bar{c} [C_M(\alpha) + C_M(\delta_e) + C_M(q)] \end{cases} \tag{2.49}$$

式中：$\bar{c}$ 为平均气动弦长；δ_e 为舵偏角；C_L、C_D、C_T 和 $C_M(\cdot)$ 为气动参数，它们在平衡点附近拟合计算表达式由下文给出。

高超声速飞行器的发动机模型可以采用如下所示的一个二阶系统来表示[73]：

$$\ddot{\beta} = -2\xi\omega_n\dot{\beta} - \omega_n{}^2\beta + \omega_n{}^2\beta_c \tag{2.50}$$

式中：β 为油门控制量；β_c 为油门节流阀调定，是发动机推力调节的控制变量；ξ 和 ω_n 分别为二阶系统的阻尼和自然频率。

由模型方程来看，此模型具有强非线性，而且气动参数与系统状态相互耦合，一部分系统参数存在不确定性，故此系统为时变不确定系统，其控制器的设计难度很大。

平衡点处状态值见表 2.2。

表 2.2 平衡点处的状态值

物理量	符号	数值	物理量	符号	数值
平均气动弦长	$\bar{c}$	80ft	俯仰角速度	q	0rad/s
海拔高度	h	110000ft	油门控制量	β	0.183
转动惯量	I_{yy}	7×10^6slug. ft^2	节流阀调定	β_c	0.183
马赫数	M_a	15	航迹倾角	γ	0rad
质量	m	9375slug	舵偏角	δ_e	−0.0066rad
速度	V	15060ft/s	相对面积	S	3603ft^2
攻角	α	0.0315rad	引力常量	μ	1.39×1016ft^3/s^2
攻角参考值	α_o	0.0315rad	地球半径	R_E	20903500ft

在美国实施的空天计划中，进行了大量的地面试验，得到了比较丰富的气动参数。经过处理，在平衡点附近飞行器所处的大气环境和气动系数拟合多项式表示如下：

$$
\begin{aligned}
&a = 8.99 \times 10^{-9}h^2 - 9.16 \times 10^{-4}h + 996, Ma = V/a \\
&\rho = 0.00238e^{-h/24000}, C_L = \alpha\left(0.493 + \frac{1.91}{Ma}\right) \\
&C_D = 0.0082(171\alpha^2 + 1.15\alpha + 1)(0.0012Ma^2 - 0.54Ma + 1) \\
&C_T = \begin{cases} 0.0105[1 - 164(\alpha - \alpha_o)^2]\left(1 + \dfrac{17}{Ma}\right)(1 + 0.15)\beta, & \beta < 1 \\ 0.0105[1 - 164(\alpha - \alpha_o)^2]\left(1 + \dfrac{17}{Ma}\right)(1 + 0.15\beta), & \beta > 1 \end{cases} \\
&C_M(\alpha) = 10^{-4}(0.06 - e^{-Ma/3})(-6565\alpha^2 + 6875\alpha + 1) \\
&C_M(q) = (\bar{c}/2V)q(-0.025Ma + 1.37)(-6.83\alpha^2 + 0.303\alpha - 0.23) \\
&C_M(\delta_e) = 0.0292(\delta_e - \alpha)
\end{aligned}
\tag{2.51}
$$

利用小偏差线性化方法得到上述运动模型局部线性化模型，然后根据线性模型的系统矩阵求得开环系统的特征根,画出系统的零极点分布图,如图 2. 3 所示。

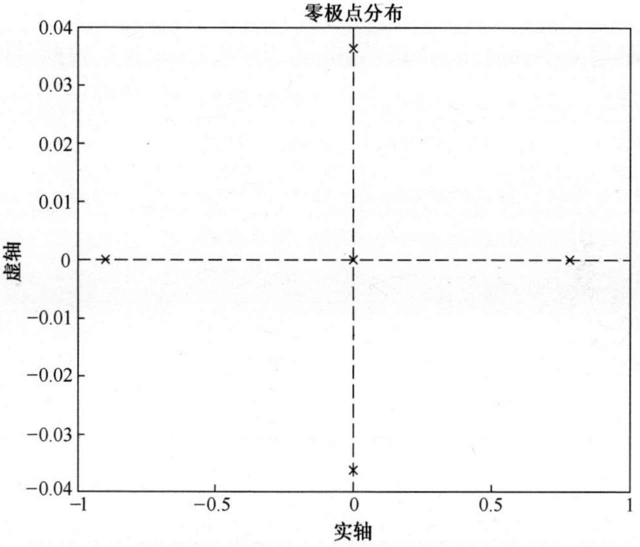

图 2. 3　模型线性化系统零极点分布图

如图 2. 3 所示,系统无零点,共有 -0. 895,0. 784,0. 00011,-0. 00021+0. 0362j,-0. 00021-0. 0362j 这五个极点。由闭环系统极点的一般表达形式 $-\xi\omega_n + j\omega_n\sqrt{1-\xi^2}$ 可以看出极点 - 0. 895 和 0. 784 分别为两个短周期模态,其中不稳定极点 0. 784 与俯仰角速度相对应。第三个极点 0. 00011 与高度模态相对应,说明在平衡点附近短时间飞行时,高度变化不会对其飞行的大气环境造成太大影响,接近临界稳定。最后两个极点为一对共轭极点,阻尼很小,代表一对长周期模态(即荷兰滚模态),非常接近临界稳定。普通飞行器纵向平面的动态特性中一般具有两对共轭复极点,其中的一对共轭复极点实部和虚部都很大对应于高频强阻尼的振荡(短周期模态),另一对中实部和虚部相对比较小则对应于低频弱阻尼的振荡(长周期模态)。以上对比可以发现高超声速飞行器纵向通道的长短周期模态与普通飞行器有很大的不同,同时高超声速飞行器增加了一个轻微不稳定的高度模态,随着时间的积累,飞行范围增大,将会引起系统的不稳定。

2.5 小　　结

本章建立了高超声速飞行器的动力学模型以及气动推力模型,同时便于巡航阶段的纵向控制,建立了纵向运动的简化模型,同时并对高超声速飞行器的纵向动态特性进行分析。本章为控制器设计打下了坚实的基础。

第3章 基于分层模糊系统的高超声速飞行器自适应 H_∞ 控制

3.1 引言

近年来高超声速飞行器[74]的控制器设计问题已经引起了国内外学者的普遍关注,取得了许多十分有意义的成果。Wang Qian 等人[75]针对内部和启动特性的不确定性,提出了一种将动态逆与鲁棒控制相结合的方法。文献[76]采用求解李导数的方法,得到非线性系统的输入输出线性化模型,并将动态逆与滑模变结构相结合,设计出了一种滑模自适应控制器,取得了比较理想的效果。文献[47]根据纵向模型的特点,分别设计出了基于动态逆的速度控制器和基于 Backstepping 的高度控制器,采用自适应模糊系统对系统中存在的不确定参数以及外界未知有界干扰进行在线辨识。文献[48]针对一类通用的高超声速飞行器,提出了一种采用预测函数的离散神经网络控制方法,有效简化了采用虚拟控制器的反步设计。

自适应模糊方法可以以任意精度逼近任意光滑非线性系统,并且能够实现不确定模型的在线识别与控制参数的自适应调整,因此非常适用于非线性多变量复杂系统的控制问题[77]。香港科技大学王立新教授提出了稳定的模糊自适应控制器设计方法[77-79]。但是在实际应用中传统模糊系统模糊规则的数量将随着变量数目的增加而指数性地上升,Bellman 称之为"维度灾难"。文献[80]提出了一种具有规则数目随输入变量个数呈线性增长的分层模糊系统,为上述问题的解决提供了一个方向。孙多青[83]等人利用文献[80-82]中提出的分层模糊系统设计出了一类非线性系统间接自适应控制器,有效地减少在线辨识参数的数量,提高了控制系统的实时性能。

本章分别基于传统的模糊系统和分层模糊系统在线辨识非线性模型,设计鲁棒控制器,提高高超声速飞行器在强干扰条件下的鲁棒性能。

3.2 纵向模型反馈线性化

一般说来,非线性系统的线性化方法包括以下两种:线性近似的方法,通常采用在某一工作点附近按照 Taylor 级数展开;精确反馈线性化方法,是基于微分几何理论,借助于非线性坐标和状态变换实现非线性系统的状态或者是输入输出之间的精确线性化[84-85]。

在对非线性系统进行反馈线性化的过程中,需要用到一些微分几何、代数和微积分等数学工具。为了更好地说明研究成果,本小节首先阐述一些相关的概念、公式及其定理。

定义 3.1[86] (微分同胚)如果 $\boldsymbol{X},\boldsymbol{Y} \in \boldsymbol{R}^n$ 是欧几里得空间的任意子集,当满足如下条件时,$\boldsymbol{X}$ 到 $\boldsymbol{Y}$ 的映射 $\boldsymbol{F}$ 为 $\boldsymbol{R}^n$ 上的微分同胚。

(1) 映射 $\boldsymbol{F}$ 是光滑的,即它所有的偏导数存在且连续;

(2) 映射 $\boldsymbol{F}$ 是一一对应的连续映射;

(3) 映射 $\boldsymbol{F}$ 的逆映射 $\boldsymbol{F}^{-1}$ 存在且光滑。

微分同胚是坐标变化概念的推广。全局微分同胚通常很少见。因此多数情况下的研究,是在给定点的一个邻域内有定义的变换,即局部微分同胚。一般可以采用下面的引理验证一个变化是否为局部微分同胚。

引理 3.1 令 $\boldsymbol{F}$ 是在 $\boldsymbol{R}^n$ 中的某个区域 Σ 上定义的一个光滑函数,如果 $\boldsymbol{F}$ 的雅可比矩阵在点 $\boldsymbol{x} = \boldsymbol{x}_0$ 处是非奇异的,则 $\boldsymbol{F}$ 在 Σ 的一个子区域内为一个局部微分同胚。

微分同胚概念在非线性系统反馈线性化中具有重要作用,它可以用来将一个复杂的复杂的非线性系统变化为一个结构简单的系统。

李导数和李括号是非线性系统分析中两个重要概念,也是反馈线性化运算中的重要工具。

定义 3.2 (李导数)考虑一个光滑矢量函数 $\boldsymbol{h}: \boldsymbol{D} \subset \boldsymbol{R}^n \to \boldsymbol{R}$ 和一个光滑矢量场 $\boldsymbol{f}: \boldsymbol{D} \subset \boldsymbol{R}^n \to \boldsymbol{R}$。函数 $\boldsymbol{h}$ 相对于矢量场 $\boldsymbol{f}$ 的李导数(Lie derivative)定义为

$$L_f=\frac{\partial \boldsymbol{h}}{\partial \boldsymbol{x}}\boldsymbol{f}(\boldsymbol{x})$$

值得注意的是,函数的李导数有如下主要性质:函数 $\boldsymbol{h}$ 原来是光滑函数,对它求李导数后的结果依然是一个光滑函数。因此,求解函数的李导数的相关运算可以重复进行。

对于非线性系统,其具有稳定性的条件之一是 Lyapunov 函数 $V(\boldsymbol{x})$ 对时间的导数 $\dot{V}(x)\leqslant 0$。其中

$$\dot{V}(x)=\frac{\mathrm{d}V}{\mathrm{d}t}=\frac{\mathrm{d}V}{\mathrm{d}x}\frac{\mathrm{d}x}{\mathrm{d}t}=\frac{\mathrm{d}V}{\mathrm{d}x}\dot{x}=\frac{\mathrm{d}V}{\mathrm{d}x}\boldsymbol{f}(\boldsymbol{x})$$
$$=\begin{bmatrix}\frac{\partial V}{\partial x_1} & \frac{\partial V}{\partial x_2} & \cdots & \frac{\partial V}{\partial x_n}\end{bmatrix}\begin{bmatrix}f_1(\boldsymbol{x})\\ f_2(\boldsymbol{x})\\ \vdots \\ f_n(\boldsymbol{x})\end{bmatrix}$$

$\dot{V}(\boldsymbol{x})$ 称作 $V(\boldsymbol{x})$ 沿矢量场 $\boldsymbol{f}$ 的李导数,定义为 $L_fV(\boldsymbol{x})$,即

$$L_fV(x)=\frac{\partial V}{\partial \boldsymbol{x}}\boldsymbol{f}(\boldsymbol{x})$$

定义 3.3 (李括号)如果有矢量场 $\boldsymbol{f}$ 和 $\boldsymbol{g}$,$\boldsymbol{f}$ 和 $\boldsymbol{g}$ 的李括号(Lie brakets)是一个新矢量场,定义为

$$[\boldsymbol{f},\boldsymbol{g}]=\frac{\partial \boldsymbol{g}}{\partial \boldsymbol{x}^{\mathrm{T}}}\boldsymbol{f}(\boldsymbol{x})-\frac{\partial \boldsymbol{f}}{\partial \boldsymbol{x}^{\mathrm{T}}}\boldsymbol{g}(\boldsymbol{x})$$

李括号可看作是矢量场 $\boldsymbol{g}$ 沿矢量场 $\boldsymbol{f}$ 方向的导数。同时,光滑矢量场 $\boldsymbol{f}$ 和 $\boldsymbol{g}$ 求李括号 $[\boldsymbol{f},\boldsymbol{g}]$ 后的结果依然是一个光滑矢量场。因此,求李括号运算也可以重复进行。

定义 3.4 (对合)线性无关的矢量场集合 $\{\boldsymbol{f}_1,\boldsymbol{f}_2,\cdots,\boldsymbol{f}_m\}$ 是对合的,当且仅当存在标量函数 $a_{ijk}:\boldsymbol{R}^n\rightarrow R$,使得

$$[\boldsymbol{f}_i,\boldsymbol{f}_j](\boldsymbol{x})=\sum_{k=1}^{m}\boldsymbol{a}_{ijk}(\boldsymbol{x})\boldsymbol{f}_k(\boldsymbol{x})$$

对合即表示从矢量场集合 $\{\boldsymbol{f}_1,\boldsymbol{f}_2,\cdots,\boldsymbol{f}_m\}$ 中任取一对来组成李

括号，则得到的新矢量可表示为原集合中矢量场的线性组合。

定理 3.1 （Frobenius 定理）：令 $\{\boldsymbol{f}_1, \boldsymbol{f}_2, \cdots, \boldsymbol{f}_m\}$ 为一个非奇异矢量场，当且仅当该集合为对合时，它是完全可积的。

Frobenius 定理提供了一类特殊偏微分方程可解性的充分必要条件，是严格处理 n 阶非线性系统反馈线性化的一个重要工具。

下面将根据实际情况对高超声速模型进行反馈线性化。通用的高超声速飞行器纵向模型可以采用如下的 MIMO 非线性系统的形式来表示[84-85]：

$$\dot{\boldsymbol{x}}(t) = \boldsymbol{f}(\boldsymbol{x}) + \sum_{k=1}^{m} g_k(\boldsymbol{x}) u_k \tag{3.1}$$

$$y_i(t) = h_i(\boldsymbol{x}), \quad i = 1, \cdots, m \tag{3.2}$$

式中：状态量 $\boldsymbol{x} \in \mathbf{R}^n$；$\boldsymbol{f}$、$\boldsymbol{g}$、$\boldsymbol{h}$ 均为光滑的非线性函数。输入输出线性化采用全状态反馈使得输出完全线性化，在进行线性化的过程当中，对于输出 y_i 需要进行数次微分直至控制输出以显式的形式出现在系统方程式中。

令 r_i 为线性化指数，运用李导数和李括号的相关理论，微分形式表示如此下：

$$y_i^{(r_i)} = L_f^{r_i}(h_i) + \sum_{k=1}^{m} L_{g_k}[L_f^{r_i-1}(h_i)] u_k \tag{3.3}$$

式中李导数定义如下：

$$L_f(h_i) = \frac{\partial h_i}{\partial x_1} f_1 + \cdots + \frac{\partial h_i}{\partial x_n} f_n \tag{3.4}$$

$$L_f(h_i) = \frac{\partial h_i}{\partial x_1} f_1 + \cdots + \frac{\partial h_i}{\partial x_n} f_n \tag{3.5}$$

$$L_f^r(h_i) = L_f[L_f^{r-1}(h_i)], L_{g_k}(h_i) = \frac{\partial h_i(\boldsymbol{x})}{\partial(\boldsymbol{x})} \boldsymbol{g}_k$$

对于能够进行输入输出反馈线性化的非线性系统，每一个输出 y_i 均对应一个线性化指数 r_i，相应的非线性系统相对阶表示如下：

$$r = \sum_{i=1}^{m} r_i \tag{3.6}$$

系统可以进行完全输入输出线性化的充要条件为 $r = n$。当 $r < n$

时，非线性系统只能部分线性化。在这种情况下，非线性系统的稳定性不仅取决于线性化的系统，而且还取决于系统内部动态的稳定性。

文中选取 $\boldsymbol{X}=[V\ \gamma\ \alpha\ \beta\ h]^{\mathrm{T}}$，在速度 V 通道上的微分模型表示如下：

$$\dot{V}=\frac{T\cos\alpha-D}{m}-\frac{\mu\sin\gamma}{r^2} \tag{3.7}$$

令 $\dot{V}=f_1(\boldsymbol{X})$，对其求导，得

$$\ddot{V}=\frac{\partial f_1(\boldsymbol{X})}{\partial \boldsymbol{X}}\dot{\boldsymbol{X}}=\left[\frac{\partial f_1(\boldsymbol{X})}{\partial V}\ \frac{\partial f_1(\boldsymbol{X})}{\partial \gamma}\ \frac{\partial f_1(\boldsymbol{X})}{\partial \alpha}\ \frac{\partial f_1(\boldsymbol{X})}{\partial \beta}\ \frac{\partial f_1(\boldsymbol{X})}{\partial h}\right]\dot{\boldsymbol{X}} \tag{3.8}$$

式中 $\dfrac{\partial f_1(\boldsymbol{X})}{\partial V}=\dfrac{\left(\dfrac{\partial T}{\partial V}\right)\cos\alpha-\dfrac{\partial D}{\partial V}}{m}$；$\dfrac{\partial f_1(\boldsymbol{X})}{\partial \gamma}=\dfrac{-m\mu\cos\gamma}{r^2}$；$\dfrac{\partial f_1(\boldsymbol{X})}{\partial \alpha}=\dfrac{-T\sin\alpha-\dfrac{\partial D}{\partial \alpha}}{m}$；$\dfrac{\partial f_1(\boldsymbol{X})}{\partial \beta}=\left(\dfrac{\partial T}{\partial \beta}\right)\cos\alpha$；$\dfrac{\partial f_1(\boldsymbol{X})}{\partial h}=\dfrac{2m\mu\sin\gamma}{r^3}$。

令 $\omega_1=m\dfrac{\partial f_1(\boldsymbol{X})}{\partial \boldsymbol{X}}$，则式(3.6)可转换为如下形式：

$$\ddot{V}=\frac{\omega_1\dot{\boldsymbol{X}}}{m} \tag{3.9}$$

再次进行微分，可得：

$$\dddot{V}=\frac{\omega_1\ddot{\boldsymbol{X}}+\dot{\boldsymbol{X}}^{\mathrm{T}}\Omega_2\dot{\boldsymbol{X}}}{m} \tag{3.10}$$

式中：$\Omega_2=\dfrac{\partial \omega_1}{\partial \boldsymbol{X}}$，具体表达形式见附录 A。

在纵向模型中，高度通道的微分为

$$\dot{h}=V\sin\gamma \tag{3.11}$$

再次进行微分，得

$$\ddot{h}=\dot{V}\sin\gamma+V\dot{\gamma}\cos\gamma \tag{3.12}$$

对式(3.10)再次进行微分,得

$$\dddot{h} = \ddot{V}\sin\gamma + 2\dot{V}\dot{\gamma}\cos\gamma - V\dot{\gamma}^2\sin\gamma + V\ddot{\gamma}\cos\gamma \tag{3.13}$$

再次求导,得

$$h^{(4)} = \dddot{V}\sin\gamma + 3\ddot{V}\dot{\gamma}\cos\gamma - 3\dot{V}\dot{\gamma}^2\sin\gamma + 3\dot{V}\ddot{\gamma}\cos\gamma - 3V\dot{\gamma}\ddot{\gamma}\sin\gamma - V\dot{\gamma}^3\cos\gamma + V\dddot{\gamma}\cos\gamma \tag{3.14}$$

令 $\dot{\gamma} = f_2(\boldsymbol{X})$,则

$$\ddot{\gamma} = \boldsymbol{\pi}_1\dot{\boldsymbol{X}}, \dddot{\gamma} = \pi_1\boldsymbol{X} + \dot{\boldsymbol{X}}^{\mathrm{T}}\prod\nolimits_2\dot{\boldsymbol{X}}$$

式中: $\boldsymbol{\pi}_1 = \dfrac{\partial f_2(\boldsymbol{X})}{\partial \boldsymbol{X}}, \prod_2 = \dfrac{\partial \boldsymbol{\pi}_1}{\partial \boldsymbol{X}}$,具体表达形式见附录。

在式(3.10)和式(3.14)的右端出现了 α 和 β 的二次微分,在这两个二次微分中含有控制输入 δ_e 和 β_c 。

$$\ddot{\alpha} = \ddot{\alpha}_0 + \left(\frac{c_e\rho V^2 S\bar{c}}{2I_{yy}}\right)\delta_e \tag{3.15}$$

$$\ddot{\beta} = \ddot{\beta}_0 + \omega_n^2\beta_c \tag{3.16}$$

式中: $\ddot{\alpha}_0 = \dfrac{1}{2}\rho V^2 S\bar{c}[C_M(\alpha) + C_M(q) - c_e\alpha]/I_{yy} - \ddot{\gamma}$; $\ddot{\beta}_0 = -2\xi\omega_n\dot{\beta} - \omega_n^2\beta$ 。

令 $\ddot{\boldsymbol{X}}_0^{\mathrm{T}} = [\ddot{\mathrm{V}}\ \ddot{\gamma}\ \ddot{\alpha}_0\ \ddot{\beta}_0\ \ddot{h}]$,则

$$\ddot{\boldsymbol{X}}^{\mathrm{T}} = \ddot{\boldsymbol{X}}_0^{\mathrm{T}} + \left[0\,0\left(\frac{c_e\rho V^2 S\bar{c}}{2I_{yy}}\right)\delta_e\,\omega_n^2\beta_c\,0\right] \tag{3.17}$$

则根据式(3.17),式(3.10)可转化为如下形式:

$$\dddot{V} = f_V + b_{11}\beta_c + b_{12}\delta_e \tag{3.18}$$

式中: $f_V = \dfrac{(\omega_1\ddot{\boldsymbol{X}}_0 + \dot{\boldsymbol{X}}^{\mathrm{T}}\boldsymbol{\Omega}_2\dot{\boldsymbol{X}})}{m}$; $b_{11} = \left(\dfrac{\rho V^2 S c_\beta \omega_n^2}{2m}\right)\cos\alpha$; $b_{12} = -\left(\dfrac{c_e\rho V^2 S\bar{c}}{2mI_{yy}}\right)\left(T\sin\alpha + \dfrac{\partial D}{\partial \alpha}\right)$; $c_\beta = \begin{cases}0.02576, \beta < 1\\ 0.00336, \beta > 1\end{cases}$; $\dfrac{\partial D}{\partial \alpha} =$

$\frac{1}{2}\rho V^2 S\,(1.290\alpha+0.0043378)$。

同理,根据式(3.17),式(3.14)可转换为如下形式:

$$h^{(4)}=f_h+b_{21}\beta_c+b_{22}\delta_e \tag{3.19}$$

式中

$$f_h=3\ddot{V}\dot{\gamma}\cos\gamma-3\dot{V}\dot{\gamma}^2\sin\gamma+3\dot{V}\ddot{\gamma}\cos\gamma-3V\dot{\gamma}\ddot{\gamma}\sin\gamma-V\dot{\gamma}^3\cos\gamma$$
$$+\frac{(\omega_1\ddot{X}_0+\dot{X}^{\mathrm{T}}\boldsymbol{\Omega}_2\dot{X})\sin\gamma}{m}+V\cos\gamma(\pi_1\ddot{X}_0+\dot{X}^{\mathrm{T}}\Pi_2\dot{X});$$

$$b_{21}=\left(\frac{\rho V^2 Sc_\beta\omega_n^2}{2m}\right)\sin(\alpha+\gamma);$$

$$b_{22}=\left(\frac{c_e\rho V^2 S\bar{c}}{2mI_{yy}}\right)\left[T\cos(\alpha+\gamma)+\left(\frac{\partial L}{\partial\alpha}\right)\cos\gamma-\left(\frac{\partial D}{\partial\alpha}\right)\sin\gamma\right];$$

$$\frac{\partial L}{\partial\alpha}=\frac{1}{2}\rho V^2 S\times 0.6203\text{。}$$

将式(3.18)与式(3.19)表示为如下所示的非线性系统:

$$\boldsymbol{H}=\boldsymbol{F}(\boldsymbol{X})+\boldsymbol{G}(\boldsymbol{X})\boldsymbol{U} \tag{3.20}$$

式中:$\boldsymbol{H}=\begin{bmatrix}\dddot{V}\\ h^{(4)}\end{bmatrix}$;$\boldsymbol{F}(\boldsymbol{X})=\begin{bmatrix}f_V\\ f_h\end{bmatrix}$;$\boldsymbol{G}(\boldsymbol{X})=\begin{bmatrix}b_{11} & b_{12}\\ b_{21} & b_{22}\end{bmatrix}$;$U=\begin{bmatrix}\beta_c\\ \delta_e\end{bmatrix}$。

3.3 自适应模糊 H_∞ 控制器设计

在系统存在外部干扰的情况下,上式可变换为如下形式:

$$\begin{bmatrix}\dddot{V}\\ h^{(4)}\end{bmatrix}=\begin{bmatrix}f_v\\ f_h\end{bmatrix}+\begin{bmatrix}g_{11} & g_{12}\\ g_{21} & g_{22}\end{bmatrix}\begin{bmatrix}\beta_c\\ \delta_e\end{bmatrix}+\boldsymbol{D} \tag{3.21}$$

式中:$\boldsymbol{D}=[d_1\quad d_2]^{\mathrm{T}}$ 为所受到的外界未知干扰。

假设 3.1:$\max\{d_1,d_2\}\leqslant\vartheta$,$\vartheta$ 为未知的常数,但其有界。

本节研究对象是巡航状态下存在参数不确定和外界随机干扰的高

超声速飞行器鲁棒控制问题。

由文献[52]可得

$$\det(\boldsymbol{G})=\frac{(c_e\rho^2V^4S^2\bar{c}c_\beta)\,\omega_n^2\cos\gamma\left(T+\dfrac{\partial L}{\partial\alpha}\cos\alpha+\dfrac{\partial D}{\partial\alpha}\sin\alpha\right)}{4m^2I_{yy}} \tag{3.22}$$

从上式中可得,当 $\gamma\neq 90°$ 时, $\det(\boldsymbol{G})\neq 0$。在整个巡航飞行条件下 $\det(\boldsymbol{G})\neq 0$,因此适应于动态逆的方法。在忽略系统干扰的条件下,依据动态逆方法可以得到系统在精确数学模型条件下的控制器:

$$\boldsymbol{U}^*=\boldsymbol{G}^{-1}(\boldsymbol{X})\left[-\boldsymbol{F}(\boldsymbol{X})+\begin{pmatrix}\dddot{V}_m\\ h_m^{(4)}\end{pmatrix}+\boldsymbol{K}^{\mathrm{T}}\boldsymbol{e}\right] \tag{3.23}$$

式中: $\boldsymbol{K}=\begin{bmatrix}k_{13} & k_{12} & k_{11} & 0 & 0 & 0 & 0\\ 0 & 0 & 0 & k_{24} & k_{23} & k_{22} & k_{21}\end{bmatrix}$; $\boldsymbol{e}^{\mathrm{T}}=[e_V\quad \dot{e}_V\quad \ddot{e}_V\quad e_h\quad \dot{e}_h\quad \ddot{e}_h\quad \dddot{e}_h]$; e_V 和 e_h 分别表示为速度和高度的跟踪误差。

将式(3.23)代入式(3.21)中,得

$$\begin{cases}\dddot{e}_V+k_{11}\ddot{e}_V+k_{12}\dot{e}_V+k_{13}e_V=0\\ e_h^{(4)}+k_{21}\dddot{e}_h+k_{22}\ddot{e}_h+k_{23}\dot{e}_h+k_{24}e_h=0\end{cases} \tag{3.24}$$

合理选择参数 $k_{ij}(i=1,2;j=1,2,3,4)$ 使得其对应的式(3.24)中的分式均为 Hurwitz 多项式,即 $\lim\limits_{t\to\infty}e_V(t)=0$, $\lim\limits_{t\to\infty}e_h(t)=0$ 成立。

但是,由于系统中存在不确定参数,因此函数 $\boldsymbol{F}(\boldsymbol{X})$ 和 $\boldsymbol{G}(\boldsymbol{X})$ 精确形式存在误差,因此控制器 $\boldsymbol{U}^*$ 无法获得理想的控制效果。本章将采用模糊逼近的方法,建立模糊逼近的方法,建立模糊系统函数 $\hat{f}_*(\boldsymbol{X}\mid\boldsymbol{\theta}_V)$ 和 $\hat{g}_{ij}(\boldsymbol{X}\mid\boldsymbol{\theta}_{ij})$ $(i,j=1,2)$ 来逼近函数 $\boldsymbol{F}(\boldsymbol{X})$ 和 $\boldsymbol{G}(\boldsymbol{X})$,保证系统的跟踪控制效果。

3.3.1 模糊系统建立

模糊系统是基于规则库的系统,它是由一系列语言规则构造而成

的；另一方面，模糊系统又是一种非线性映射，在许多情况下其可以用非常准确而严密的公式来表达。模糊系统理论的重要贡献在于它提供了一个把语言规则集合转变为非线性映射的系统化程序。由于非线性映射易于实现，所以模糊系统也就找到其转化成各种工程应用的方式。本书中所提到的模糊系统均是王立新老师提出的带有乘积推理机、单值模糊器、中心平均解模糊器和高斯隶属度函数的模糊系统。通常根据以下步骤建立这种模糊系统（以模糊系统 $\hat{f}_V(\boldsymbol{X} \mid \theta_V)$ 为例）：

Step1：对于系统中的变量 $x_i(i=1,2,3,\cdots,n)$ ，根据实际情况定义 p_i 个集合 $\boldsymbol{A}_i^{l_i}(l_i=1,2,\cdots p_i)$ ，并作出相应的隶属度函数。

Step2：根据以下设计的 $\prod\limits_{i=1}^{n} p_i$ 条 IF-THEN 模糊规则对模糊系统 $\hat{f}_V(\boldsymbol{X} \mid \boldsymbol{\theta}_V)$ （下用 $\hat{f}_V$ 表示）进行构造：

IF x_1 是 $\boldsymbol{A}_1^{l_1}$ 且 … 且 x_n 是 $\boldsymbol{A}_n^{l_n}$ ，THEN $\hat{f}_V$ 是 $\boldsymbol{E}^{l_1\cdots l_n}$

在此使用乘积推理机，单值模糊器和中心平均解模糊器，得到

$$\hat{f}_V(\boldsymbol{X} \mid \theta_V)=\frac{\sum\limits_{i=1}^{p_1}\cdots\sum\limits_{i=n}^{p_n}\bar{y}_{f_V}^{l_1\cdots l_n}\left(\prod\limits_{i=1}^{n}\mu_{A_i^{l_i}}(x_i)\right)}{\sum\limits_{i=1}^{p_1}\cdots\sum\limits_{i=n}^{p_n}\left(\prod\limits_{i=1}^{n}\mu_{A_i^{l_i}}(x_i)\right)} \tag{3.25}$$

令式中 $\bar{y}_{f_V}^{l_1\cdots l_n}$ 为自由参数，将其放入自由变化的参数集合 θ_V 中，则上式可改写为

$$\hat{f}_V(X \mid \boldsymbol{\theta}_V)=\boldsymbol{\theta}_V^{\mathrm{T}}\xi_1(\boldsymbol{X}) \tag{3.26}$$

式中：$\xi_1(\boldsymbol{X})$ 为一个 $\prod\limits_{i=1}^{n} p_i$ 维的向量，其中的第 $l_1\cdots l_n$ 个向量元素为

$$\xi_{l_1\cdots l_n}(\boldsymbol{X})=\frac{\prod\limits_{i=1}^{n}\mu_{\boldsymbol{A}_i^{l_i}}(x_i)}{\sum\limits_{i=1}^{p_1}\cdots\sum\limits_{i=n}^{p_n}\left(\prod\limits_{i=1}^{n}\mu_{\boldsymbol{A}_i^{l_i}}(x_i)\right)} \tag{3.27}$$

上述模糊系统建立完成之后，将系统控制器的形式表示为

$$U_I = \begin{bmatrix} \hat{g}_{11} & \hat{g}_{12} \\ \hat{g}_{21} & \hat{g}_{22} \end{bmatrix} - 1 \left[-\begin{pmatrix} \hat{f}_V \\ \hat{f}_h \end{pmatrix} + \begin{pmatrix} \dddot{V}_m \\ h_m^{(4)} \end{pmatrix} + \boldsymbol{K}^{\mathrm{T}}\boldsymbol{e} \right] \tag{3.28}$$

通过上述模糊系统的建立,经验知识,专家知识等与系统有关的知识经由初始状态决定的参数 $\boldsymbol{\theta}_V(0)$,$\boldsymbol{\theta}_h(0)$,$\boldsymbol{\theta}_{ij}(0)\ (i,j=1,2)$ 被嵌入到系统中。

3.3.2 鲁棒补偿项

模糊系统存在一定的逼近误差,飞行器本身的气动参数也存在较大的不确定性,且受到外界环境的干扰,这些都会影响到所设计的控制器的控制性能。为此,引入鲁棒补偿项 $\boldsymbol{u}_f = [u_{f_1} u_{f_2}]^{\mathrm{T}}$。

若系统满足如下假设:

假设 3.2:在紧集 $\boldsymbol{S} \in \boldsymbol{R}^n$,$\boldsymbol{G}(\boldsymbol{X})$ 非奇异,且 $\|\boldsymbol{G}(\boldsymbol{X})\|^2 = \sigma[\boldsymbol{G}(\boldsymbol{X})^{\mathrm{T}}\boldsymbol{G}(\boldsymbol{X})] \geqslant b_1 > 0$。其中 $\sigma(\cdot)$ 表示为系统控制增益矩阵 $\boldsymbol{G}(\boldsymbol{X})$ 的最小奇异值。

假设 3.3:系统中涉及的参数变量有界。

则设计出如式(3.29)所示的自适应模糊控制器:

$$\boldsymbol{U} = \begin{bmatrix} \hat{g}_{11} & \hat{g}_{12} \\ \hat{g}_{21} & \hat{g}_{22} \end{bmatrix} - 1 \left[-\begin{pmatrix} \hat{f}_V \\ \hat{f}_h \end{pmatrix} + \begin{pmatrix} \dddot{V}_m \\ h_m^{(4)} \end{pmatrix} + \boldsymbol{K}^{\mathrm{T}}\boldsymbol{e} - \begin{pmatrix} u_{f_1} \\ u_{f_2} \end{pmatrix} \right] \tag{3.29}$$

使得闭环系统获得如(3.30)式所示的 H_∞ 跟踪性能指标[87]:

$$\int_0^{\mathrm{T}} \boldsymbol{e}^{\mathrm{T}}\boldsymbol{Q}\boldsymbol{e}\,\mathrm{d}t \leqslant \boldsymbol{e}^{\mathrm{T}}(0)\boldsymbol{Q}\boldsymbol{e}(0) + \frac{1}{\mu}[\tilde{\boldsymbol{\theta}}^{\mathrm{T}}(0)\tilde{\boldsymbol{\theta}}(0)] + \rho^2 \int_0^{\mathrm{T}} \boldsymbol{\omega}^{\mathrm{T}}\boldsymbol{\omega}\,\mathrm{d}t \tag{3.30}$$

式中:$T \in [0,\infty]$,$\tilde{\boldsymbol{\theta}} = [\boldsymbol{\theta}_V - \boldsymbol{\theta}_V^*, \cdots, \boldsymbol{\theta}_{22} - \boldsymbol{\theta}_{22}^*]^{\mathrm{T}}$($\boldsymbol{\theta}_i^*$ 为最优估计参数);ρ 为干扰抑制水平常数;ω 为组合干扰;$\boldsymbol{Q}$、$\boldsymbol{P}$ 为对称半正定矩阵;μ 为设计参数。

系统在进行在线控制的过程当中,参数 $\boldsymbol{\theta}_V$、$\boldsymbol{\theta}_h$、$\boldsymbol{\theta}_{ij}\ (i,j=1,2)$ 要进

行在线调整，达到 $\begin{pmatrix}\hat{f}_V \\ \hat{f}_h\end{pmatrix}$ 和 $\begin{bmatrix}\hat{g}_{11} & \hat{g}_{12} \\ \hat{g}_{21} & \hat{g}_{22}\end{bmatrix}$ 很好地逼近 $\boldsymbol{F}(\boldsymbol{X})$ 和 $\boldsymbol{G}(\boldsymbol{X})$ 的效果，需要确定参数 $\boldsymbol{\theta}_V$、$\boldsymbol{\theta}_h$、$\boldsymbol{\theta}_{ij}(i,j=1,2)$ 的自适应律。同时为了能够使控制器具备上述性能指标，也需要确定鲁棒补偿项的具体表达形式。

3.3.3 自适应律设计及稳定性证明

对于系统(3.20)而言，由式(3.22)可得 $\boldsymbol{G}(\boldsymbol{X})$ 非奇异，并且速度和高度分别经过3,4 次微分后，指令信号 β_c 和舵偏角 δ_e 出现在微分方程式中，则系统相对阶为 $3+4=7$，与系统阶数相同，故满足上述假设。

将式(3.29)代入系统方程式(3.20)中，得到

$$\dot{\boldsymbol{e}}_V = \boldsymbol{A}_1\boldsymbol{e}_V + \boldsymbol{B}_1\{u_{f_1} + [\hat{f}_V(\boldsymbol{X} \mid \boldsymbol{\theta}_V) - f_V(\boldsymbol{X})] + \sum_{j=1}^{2}[\hat{g}_{1j}(\boldsymbol{X} \mid \boldsymbol{\theta}_{1j}) - g_{1j}(\boldsymbol{X})]u_j - d_1\} \tag{3.31}$$

式中：$\boldsymbol{A}_1 = \begin{bmatrix} 0 & 1 & 0 \\ 0 & 0 & 1 \\ -k_{13} & -k_{12} & -k_{11} \end{bmatrix}$；$\boldsymbol{B}_1 = [001]^{\mathrm{T}}$；$\boldsymbol{e}_V = [e_V \dot{e}_V \ddot{e}_V]^{\mathrm{T}}$

$$\dot{\boldsymbol{e}}_h = \boldsymbol{A}_2\boldsymbol{e}_h + \boldsymbol{B}_2\{u_{f_2} + [\hat{f}_h(\boldsymbol{X} \mid \boldsymbol{\theta}_h) - f_h(\boldsymbol{X})] + \sum_{j=1}^{2}[\hat{g}_{2j}(\boldsymbol{X} \mid \boldsymbol{\theta}_{2j}) - g_{2j}(\boldsymbol{X})]u_j - d_2\} \tag{3.32}$$

式中：$\boldsymbol{A}_2 = \begin{bmatrix} 0 & 1 & 0 & 0 \\ 0 & 0 & 1 & 0 \\ 0 & 0 & 0 & 1 \\ -k_{24} & -k_{23} & -k_{22} & -k_{21} \end{bmatrix}$；$\boldsymbol{B}_2 = [0\,0\,0\,1]^{\mathrm{T}}$；$\boldsymbol{e}_h = [e_h \dot{e}_h \ddot{e}_h \dddot{e}_h]^{\mathrm{T}}$。

定义自由参数向量 $\boldsymbol{\theta}_V$、$\boldsymbol{\theta}_h$、$\boldsymbol{\theta}_{ij}$ 的最优参数估计如下：

$$\boldsymbol{\theta}_V^* = \arg\min_{\theta_V \in \Omega_V}\{\sup_{X\in S}|\hat{f}_V(\boldsymbol{X} \mid \boldsymbol{\theta}_{f_V}) - f_V(\boldsymbol{X})|\} \tag{3.33}$$

$$\boldsymbol{\theta}_h^* = \arg\min_{\theta_h \in \Omega_h}\{\sup_{X\in S}|\hat{f}_h(\boldsymbol{X} \mid \boldsymbol{\theta}_{f_h}) - f_h(\boldsymbol{X})|\} \tag{3.34}$$

$$\boldsymbol{\theta}_{ij}^{*} = \arg\min_{\theta_{ij}^{*}\in\Omega_{ij}}\left\{\sup\nolimits_{\boldsymbol{X}\in S}\left|\hat{g}_{ij}(\boldsymbol{X}\mid\boldsymbol{\theta}_{ij}) - g_{ij}(\boldsymbol{X})\right|\right\} \tag{3.35}$$

式中：$\Omega_i = \{\boldsymbol{\theta}_i \mid \|\boldsymbol{\theta}_i\| \leqslant M_i\}$；$\Omega_{ij} = \{\boldsymbol{\theta}_{ij} \mid \|\boldsymbol{\theta}_{ij}\| \leqslant M_{ij}\}$；$M_i$、$M_{ij}$ 为选定的自由参数集模的上界。

定义逼近误差为

$$\omega_i' = \left[\hat{f}(\boldsymbol{X}\mid\theta_i^{*}) - f_i(\boldsymbol{X})\right] + \sum_{j=1}^{2}\left[\hat{g}_{ij}(\boldsymbol{X}\mid\theta_{ij}^{*}) - g_{ij}(\boldsymbol{X})\right]u_j \tag{3.36}$$

将式(3.31)、式(3.32)与式(3.36)合并整理得

$$\dot{\boldsymbol{e}}_V = \boldsymbol{A}_1\boldsymbol{e}_V + \boldsymbol{B}_1\left[u_{f_1} + \widetilde{\boldsymbol{\theta}}_V^{\mathrm{T}}\xi_1(\boldsymbol{X}) + \sum_{j=1}^{2}\widetilde{\boldsymbol{\theta}}_{1j}^{\mathrm{T}}\eta(\boldsymbol{X})u_j + \omega_1' - d_1\right] \tag{3.37}$$

$$\dot{\boldsymbol{e}}_h = \boldsymbol{A}_2\boldsymbol{e}_h + \boldsymbol{B}_2\left[u_{f_2} + \widetilde{\boldsymbol{\theta}}_h^{\mathrm{T}}\xi_2(X) + \sum_{j=1}^{2}\widetilde{\boldsymbol{\theta}}_{2j}^{\mathrm{T}}\eta(\boldsymbol{X})u_j + \omega_2' - d_2\right] \tag{3.38}$$

选取 Lyapunov 函数：

$$V_{\mathrm{sum}} = V_V + V_h \tag{3.39}$$

对于 V_V、V_h 而言，表达形式如下：

$$V_i = \frac{1}{2}\boldsymbol{e}_i^{\mathrm{T}}\boldsymbol{P}_i\boldsymbol{e}_i + \frac{1}{2\lambda_i}\widetilde{\theta}_i^{\mathrm{T}}\widetilde{\theta}_i + \sum_{j=1}^{2}\frac{1}{2\lambda_{ij}}\widetilde{\theta}_{ij}^{\mathrm{T}}\widetilde{\theta}_{ij} \tag{3.40}$$

式中：λ_{*} 为模糊系统自由参数的自适应增益。

V_V 关于时间 t 的导数为

$$\dot{V}_V = \frac{1}{2}(\dot{\boldsymbol{e}}_V^{\mathrm{T}}\boldsymbol{P}_1\boldsymbol{e}_V + \boldsymbol{e}_V^{\mathrm{T}}\boldsymbol{P}_1\dot{\boldsymbol{e}}_V) + \frac{1}{\lambda_V}\widetilde{\boldsymbol{\theta}}_V^{\mathrm{T}}\dot{\boldsymbol{\theta}}_V + \sum_{j=1}^{2}\frac{1}{\lambda_{ij}}\widetilde{\boldsymbol{\theta}}_{ij}^{\mathrm{T}}\dot{\boldsymbol{\theta}}_{ij} \tag{3.41}$$

将式(3.37)代入到式(3.41)中，整理可得

$$\begin{aligned}\dot{V}_V = {} & \frac{1}{2}\boldsymbol{e}_V^{\mathrm{T}}(\boldsymbol{P}_1\boldsymbol{A}_1 + \boldsymbol{A}_1^{\mathrm{T}}\boldsymbol{P}_1)\boldsymbol{e}_V + \boldsymbol{e}_V^{\mathrm{T}}\boldsymbol{P}_1\boldsymbol{B}[\mu_{f_1} + w_1] + \frac{1}{\lambda_V}\widetilde{\boldsymbol{\theta}}_V^{\mathrm{T}}[\lambda_V\boldsymbol{e}_V^{\mathrm{T}}\boldsymbol{P}_1\boldsymbol{B}_1\xi_1^{\mathrm{T}} \\ & (\boldsymbol{X}) + \dot{\boldsymbol{\theta}}_V] + \sum_{j=1}^{2}\frac{1}{\lambda_{ij}}\widetilde{\boldsymbol{\theta}}_{ij}^{\mathrm{T}}[\lambda_{ij}\boldsymbol{e}_V^{\mathrm{T}}\boldsymbol{P}_1\boldsymbol{B}_1\boldsymbol{\eta}(\boldsymbol{X})u_j + \dot{\boldsymbol{\theta}}_{ij}]\end{aligned} \tag{3.42}$$

式中：$\omega_1 = \omega_1' - d_1$ 为速度通道上组合干扰误差量。

为保证系统中涉及参数变量的有界性,选取自由参数 $\boldsymbol{\theta}_V$、$\boldsymbol{\theta}_{ij}(i=1,j=1,2)$ 的自适应律为

$$\dot{\boldsymbol{\theta}}_V=\begin{cases}-\lambda_V\boldsymbol{e}_V^{\mathrm{T}}\boldsymbol{P}_1\boldsymbol{B}_1\xi_V(\boldsymbol{X}),(\|\boldsymbol{\theta}_V\|<M_V)\text{或}(\|\boldsymbol{\theta}_V\|=M_V\text{且}\boldsymbol{e}_V^{\mathrm{T}}\boldsymbol{P}_1\boldsymbol{B}_1\xi_V(\boldsymbol{X})\geqslant 0)\\ -\lambda_V(\boldsymbol{e}_V^{\mathrm{T}}\boldsymbol{P}_1\boldsymbol{B}_1-\boldsymbol{e}_V^{\mathrm{T}}\boldsymbol{P}_1\boldsymbol{B}_1\dfrac{\boldsymbol{\theta}_V\boldsymbol{\theta}_V^{\mathrm{T}}}{\|\boldsymbol{\theta}_V\|^2})\xi_V(\boldsymbol{X}),(\|\boldsymbol{\theta}_V\|=M_V)\text{且}(\boldsymbol{e}_V^{\mathrm{T}}\boldsymbol{P}_1\boldsymbol{B}_1\xi_V(\boldsymbol{X})<0)\end{cases}\tag{3.43}$$

$$\dot{\boldsymbol{\theta}}_{ij}=\begin{cases}-\lambda_{ij}\boldsymbol{e}_V^{\mathrm{T}}\boldsymbol{P}_1\boldsymbol{B}_1\boldsymbol{\eta}(\boldsymbol{X})u_j,(\|\boldsymbol{\theta}_{ij}\|<M_{ij})\text{或}(\|\boldsymbol{\theta}_{ij}\|=M_{ij}\text{且}\boldsymbol{e}_V^{\mathrm{T}}\boldsymbol{P}_1\boldsymbol{B}_1\boldsymbol{\eta}(\boldsymbol{X})u_j\geqslant 0)\\ -\lambda_{ij}(\boldsymbol{e}_V^{\mathrm{T}}\boldsymbol{P}_1B_1-\boldsymbol{e}_V^{\mathrm{T}}\boldsymbol{P}_1B_1\dfrac{\boldsymbol{\theta}_{ij}\boldsymbol{\theta}_{ij}^{\mathrm{T}}}{\|\boldsymbol{\theta}_{ij}\|^2})\boldsymbol{\eta}(\boldsymbol{X})u_j,\|\boldsymbol{\theta}_{ij}\|=M_{ij}\text{且}\boldsymbol{e}_V^{\mathrm{T}}\boldsymbol{P}_1B_1\boldsymbol{\eta}(\boldsymbol{X})u_j<0\end{cases}\tag{3.44}$$

上式使得参数集的模有界[78],且得到

$$\widetilde{\theta}_V^{\mathrm{T}}[\lambda_V\boldsymbol{e}_V^{\mathrm{T}}\boldsymbol{P}_1\boldsymbol{B}_1\xi_1(\boldsymbol{X})+\dot{\theta}_V]\leqslant 0\tag{3.45}$$

$$\widetilde{\theta}_{ij}^{\mathrm{T}}[\lambda_{ij}\boldsymbol{e}_V^{\mathrm{T}}\boldsymbol{P}_1\boldsymbol{B}_1\boldsymbol{\eta}(\boldsymbol{X})u_j+\dot{\theta}_{ij}]\leqslant 0\tag{3.46}$$

根据上述不等式,则式(3.42)可简化为

$$\dot{V}_V\leqslant\frac{1}{2}\boldsymbol{e}_V^{\mathrm{T}}(\boldsymbol{P}_1\boldsymbol{A}_1+\boldsymbol{A}_1^{\mathrm{T}}\boldsymbol{P}_1)\boldsymbol{e}_V+\boldsymbol{e}_V^{\mathrm{T}}\boldsymbol{P}_1\boldsymbol{B}[\mu_{f_1}+w_1]\tag{3.47}$$

选取鲁棒补偿项为

$$u_{f_1}=-\frac{1}{\mu_1}\boldsymbol{B}_1^{\mathrm{T}}\boldsymbol{P}_1\boldsymbol{e}_V\tag{3.48}$$

令 $\boldsymbol{P}_1$ 为如下 Riccati 方程之解:

$$\boldsymbol{P}_1\boldsymbol{A}_1+\boldsymbol{A}_1^{\mathrm{T}}\boldsymbol{P}_1+\boldsymbol{Q}_1-\boldsymbol{P}_1\boldsymbol{B}_1\left(\frac{2}{\mu_1}-\frac{1}{\rho^2}\right)\boldsymbol{B}_1^{\mathrm{T}}\boldsymbol{P}_1=0\tag{3.49}$$

式中:ρ 为干扰抑制水平常数;$\boldsymbol{Q}_1$ 为正定矩阵。

将式(3.48)、式(3.49)代入式(3.47)中,得

$$\dot{V}_V\leqslant-\frac{1}{2}\boldsymbol{e}_V^{\mathrm{T}}\boldsymbol{Q}_1\boldsymbol{e}_V-\frac{1}{2\rho^2}\boldsymbol{e}_V^{\mathrm{T}}\boldsymbol{P}_1\boldsymbol{B}_1\boldsymbol{B}_1^{\mathrm{T}}\boldsymbol{P}_1\boldsymbol{e}_V+\omega_1^{\mathrm{T}}\boldsymbol{B}_1^{\mathrm{T}}\boldsymbol{P}_1\boldsymbol{e}_V\tag{3.50}$$

对式(3.50)适当变形后,得到

$$\dot{V}_V\leqslant-\frac{1}{2}\boldsymbol{e}_V^{\mathrm{T}}\boldsymbol{Q}_1\boldsymbol{e}_V-\frac{1}{2}\left(\frac{1}{\rho}\boldsymbol{e}_V^{\mathrm{T}}\boldsymbol{P}_1\boldsymbol{B}_1-\rho\omega_1\right)^2+\frac{1}{2}\rho^2\omega_1^2$$

$$\leqslant -\frac{1}{2}\boldsymbol{e}_V^{\mathrm{T}}\boldsymbol{Q}_1\boldsymbol{e}_V + \frac{1}{2}\rho^2\omega_1^2 \tag{3.51}$$

令 $C_1 = \min\left\{\lambda', \frac{1}{\lambda_V}, \frac{1}{\lambda_{1j}}\right\}$ ；$\lambda' = \min\left\{\frac{\inf\lambda_{\min}(\boldsymbol{Q}_1)}{\sup\lambda_{\max}(\boldsymbol{Q}_1)}\right\}$ ；$\lambda_{\min}(\boldsymbol{Q}_1)$，$\lambda_{\max}(\boldsymbol{Q}_1)$ 分别表示为 $\boldsymbol{Q}_1$ 的最小和最大特征值；$\phi_1 = \frac{M_V^2}{2\lambda_V} + \sum_{j=1}^{2}\frac{1}{2\lambda_{1j}}M_{1j}^2 + \frac{1}{2}\rho^2\bar{\omega}_1^2$；$\bar{\omega}_1 = \sup\|\omega_1\|$ 为模糊系统逼近误差的上界。

对式(3.51)进行整理，可得

$$\dot{V}_V \leqslant -C_1V_V + \phi_1 \tag{3.52}$$

同理，在高度通道上也可得到

$$\dot{V}_h \leqslant -C_2V_h + \phi_2 \tag{3.53}$$

联立式(3.52)、式(3.53)，可得

$$\dot{V}_{sum} \leqslant -CV_{sum} + \phi \tag{3.54}$$

式中：$C = \min\{C_1, C_2\}$ ；$\phi = 2\max\{\phi_1, \phi_2\}$ 。

由式(3.52)和假设 3.3，可推得：$e_V, e_h, X \in L_\infty$，则式(3.52)在 $[0,T]$ 上的积分为

$$\frac{1}{2}\int_0^{\mathrm{T}}\boldsymbol{e}_V^{\mathrm{T}}\boldsymbol{Q}_1\boldsymbol{e}_V\mathrm{d}t \leqslant \frac{1}{2}\boldsymbol{e}_V^{\mathrm{T}}(0)\boldsymbol{P}_1\boldsymbol{e}_V(0) + \frac{1}{2\lambda_V}\tilde{\boldsymbol{\theta}}_V^{\mathrm{T}}(0)\tilde{\boldsymbol{\theta}}_V(0) + \sum_{j=1}^{2}\frac{1}{2\lambda_{1j}}\tilde{\boldsymbol{\theta}}_{1j}^{\mathrm{T}}(0)\tilde{\boldsymbol{\theta}}_{1j}(0) + \frac{1}{2}\rho^2\int_0^{\mathrm{T}}\omega_1^2\mathrm{d}t \tag{3.55}$$

取 $\lambda = \min\{\lambda_V, \lambda_h, \lambda_{11}, \cdots, \lambda_{22}\}$ ；$\boldsymbol{Q} = \mathrm{diag}[\boldsymbol{Q}_1, \boldsymbol{Q}_2]$ ；$\boldsymbol{P} = \mathrm{diag}[\boldsymbol{P}_1, \boldsymbol{P}_2]$ ；$\tilde{\boldsymbol{\theta}}_f = [\tilde{\boldsymbol{\theta}}_V^{\mathrm{T}}, \tilde{\boldsymbol{\theta}}_h^{\mathrm{T}}]^{\mathrm{T}}$ ；$\tilde{\boldsymbol{\theta}}_g = [\tilde{\boldsymbol{\theta}}_{11}^{\mathrm{T}}, \cdots, \tilde{\boldsymbol{\theta}}_{22}^{\mathrm{T}}]^{\mathrm{T}}$ ；$\boldsymbol{e} = [\boldsymbol{e}_V^{\mathrm{T}}, \boldsymbol{e}_h^{\mathrm{T}}]^{\mathrm{T}}$ ；$\omega = [\omega_1, \omega_2)]^{\mathrm{T}}$ ；$\tilde{\boldsymbol{\theta}} = [\tilde{\boldsymbol{\theta}}_f^{\mathrm{T}}, \tilde{\boldsymbol{\theta}}_g^{\mathrm{T}}]^{\mathrm{T}}$ 。结合高度通道上的分析结果，整理可得

$$\int_0^T\boldsymbol{e}^{\mathrm{T}}\boldsymbol{Q}\boldsymbol{e}\mathrm{d}t \leqslant \boldsymbol{e}^{\mathrm{T}}(0)\boldsymbol{P}\boldsymbol{e}(0) + \frac{1}{\lambda}\tilde{\boldsymbol{\theta}}^{\mathrm{T}}(0)\tilde{\boldsymbol{\theta}}(0) + \rho^2\int_0^T\omega^{\mathrm{T}}\omega\mathrm{d}t \tag{3.56}$$

故采用自适应模糊控制器(3.29)，参数自适应律(3.43)、(3.44)，

鲁棒补偿项(3.48),能够使高超声速飞行器的控制系统稳定跟踪给定的控制指令。

3.3.4 仿真分析

针对高超声速飞行器在速度 $V = 15060\text{ft/s}$,高度 $h = 110000\text{ft}$ 巡航飞行条件下的高度和速度控制问题,进行仿真研究。飞行器系统参数的不确定度表示如下:

$$\begin{cases} m = m_0(1 + \Delta m(t)) \ , |\Delta m(t)| \leqslant 0.03 \\ I_{yy} = I_0(1 + \Delta I(t)) \times 10^6 , |\Delta I(t)| \leqslant 0.02 \\ S = S_0(1 + \Delta S(t)) \ , |\Delta S(t)| \leqslant 0.01 \\ \bar{c} = \bar{c}_0(1 + \Delta \bar{c}(t)) \ , |\Delta \bar{c}(t)| \leqslant 0.01 \\ c_e = 0.0292(1 + \Delta c_e(t)) \ , |\Delta c_e(t)| \leqslant 0.03 \\ \rho = \rho_0(1 + \Delta \rho(t)) \ , |\Delta \rho(t)| \leqslant 0.06 \end{cases} \tag{3.57}$$

假设俯仰轴上受到谐波干扰数值大小为: $6 \times 10^5 \sin(2t)$ 。

控制指令为:速度阶跃信号为 100ft/s ,高度阶跃信号为 2000ft 。分别给出了基于稳定模糊自适应控制方法和基于本节控制方法的两组仿真结果[88]。

两种方法选定的控制器参数均为: $\boldsymbol{K} = \begin{bmatrix} 9 & 13.7 & 6.6 & 0 & 0 & 0 & 0 \\ 0 & 0 & 0 & 0.06 & 0.41 & 1.13 & 1.4 \end{bmatrix}$; $\boldsymbol{Q}_1 = \boldsymbol{Q}_2 = 0.5\boldsymbol{I}_{3\times 3}$ 。

这里引入的鲁棒补偿项参数为: $\mu_1 = 1, \rho_1 = 2, \mu_2 = 0.08, \rho_2 = 2$。

为防止输入量瞬间过大而导致控制系统失稳,在仿真中采用如下滤波器对控制信号进行指令平滑。

$$\frac{h_d}{h_c} = \frac{\omega_{n1}\omega_{n2}^2}{(s + \omega_{n1})(s^2 + 2\zeta_c\omega_{n2}s + \omega_{n2}^2)} \tag{3.58}$$

$$\frac{V_d}{V_c} = \frac{\omega_{n3}\omega_{n4}^2}{(s + \omega_{n3})(s^2 + 2\zeta_c\omega_{n4}s + \omega_{n4}^2)} \tag{3.59}$$

式中: h_c 和 V_c 为指令信号; h_d 和 V_d 为输出的参考指令; $\omega_{n1} = \omega_{n2} = 0.3, \omega_{n3} = 0.28, \omega_{n4} = 0.2, \zeta_c = 0.95$。

图 3.1 和图 3.2 分别描述了基于上述两种方法的控制系统对阶跃信号的的响应。在外界干扰很大的情况下,图 3.1 中可以看出控制系统没能实现对高度的稳定跟踪,跟踪效果很差。图 3.2 中系统均能对指令信号实现稳定地跟踪,跟踪误差终值有界。仿真结果表明强干扰条件下,本节中设计的自适应模糊 H_{∞} 控制器具有很强的鲁棒性能。

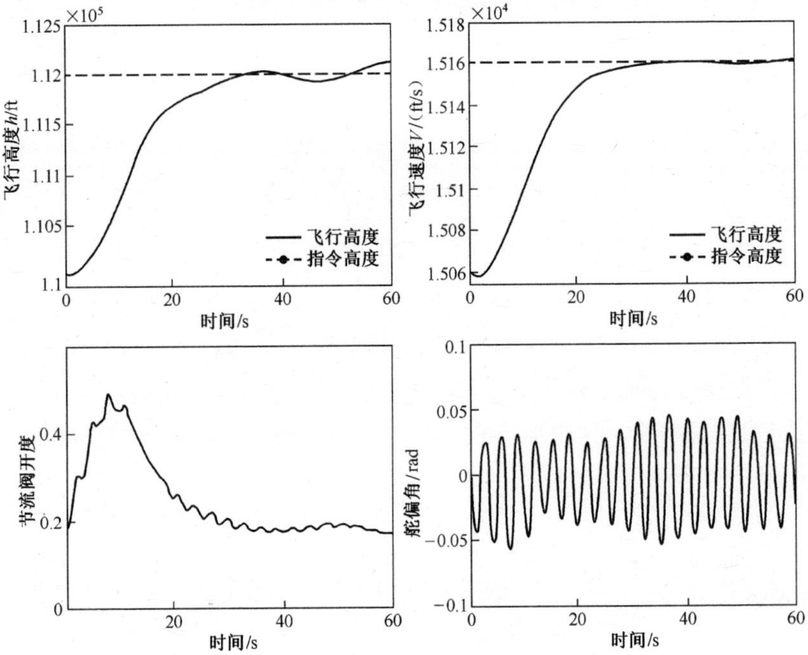

图 3.1　稳定的模糊自适应控制器仿真结果

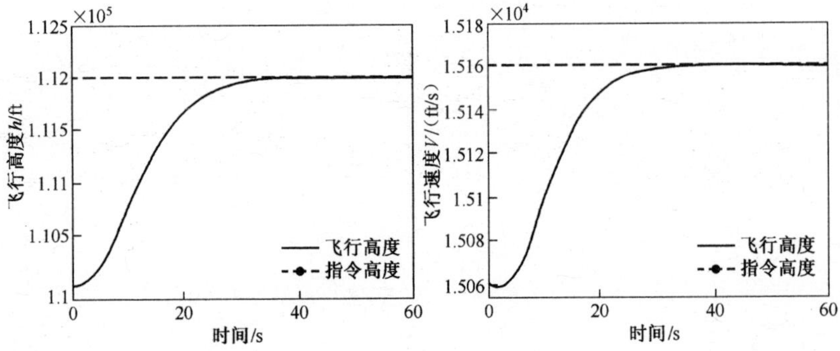

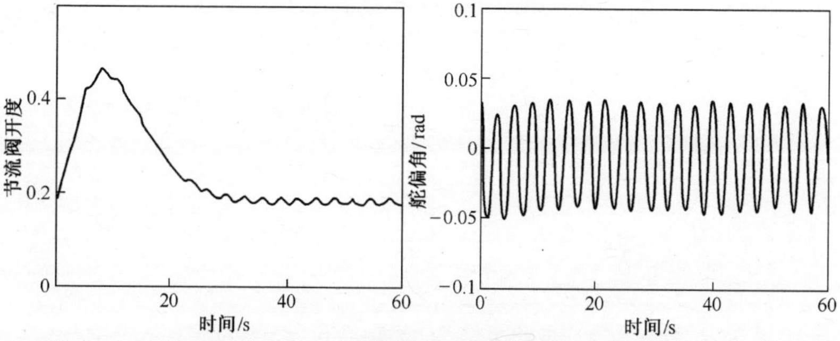

图 3.2　自适应模糊 H_∞ 控制器仿真结果

3.4　基于分层模糊系统的自适应 H_∞ 控制器设计

上节中设计的模糊控制器具有很强的鲁棒特性,但是控制器中的规则数随系统变量个数呈指数增长。为解决这一问题,本节中将引入分层模糊系统,提出一种自适应控制方法。同时为了增强系统的鲁棒性能,设计鲁棒补偿项。

定义系统跟踪误差向量 $\boldsymbol{e} = [V_d - V, h_d - h]^{\mathrm{T}}$,以速度通道为例,选取常数 $s_0 > 0$,令 $s_k = h_k s_0 (k = 1,2)$,$1 = h_1 < h_2$,作如下所示的 Hurtwitz 多项式:

$$h_V(s) = \prod_{k=1}^{2} (s - s_k) = s^2 + \lambda_{12} s + \lambda_{11} \tag{3.60}$$

则速度和高度的滤波跟踪误差分别为

$$r_V = \ddot{e}_V + \lambda_{12} \dot{e}_V + \lambda_{11} e_V \tag{3.61}$$

$$r_h = \dddot{e}_h + \lambda_{23} \ddot{e}_h + \lambda_{22} \dot{e}_h + \lambda_{21} e_h \tag{3.62}$$

根据文献[73]得到系统的模糊控制器:

$$\boldsymbol{U} = [\hat{\boldsymbol{G}}(\boldsymbol{X})]^{-1} \left\{ -\hat{\boldsymbol{F}} - \boldsymbol{U}_h + \begin{bmatrix} \dddot{V}_d \\ h_d^{(4)} \end{bmatrix} + \begin{bmatrix} \lambda_{12} \ddot{e}_V + \lambda_{11} \dot{e}_V \\ \lambda_{23} \dddot{e}_h + \lambda_{22} \ddot{e}_h + \lambda_{21} \dot{e}_h \end{bmatrix} + \begin{bmatrix} K_1 r_V \\ K_2 r_h \end{bmatrix} \right\} \tag{3.63}$$

式中：$\hat{\boldsymbol{G}}(\boldsymbol{X})=\begin{bmatrix}\hat{g}_{11} & \hat{g}_{12}\\ \hat{g}_{21} & \hat{g}_{22}\end{bmatrix}$ 和 $\hat{\boldsymbol{F}}(\boldsymbol{X})=\begin{bmatrix}\hat{f}_V\\ \hat{f}_h\end{bmatrix}$ 为构造的模糊系统函数；

$\boldsymbol{U}_h=\begin{bmatrix}\sum_{i=1}^{n-2} y_{f_V,i}+\sum_{j=1}^{n-2}(z_{g_{11},j}+z_{g_{12},j})\\ \sum_{i=1}^{n-2} y_{f_h,i}+\sum_{j=1}^{n-2}(z_{g_{21},j}+z_{g_{22},j})\end{bmatrix}$；$y_{f_V,i}$、$y_{f_h,i}$、$z_{g_{11},j}$、$z_{g_{12},j}$、$z_{g_{21},j}$、$z_{g_{22},j}$ 分别为构造分层模糊系统时生成的中间变量；K_1、K_2 为设计的参数。

为了得到如式(3.63)所示的模糊控制器，需要构造分层模糊系统。

3.4.1 分层模糊系统构造[73,89]

图3.3中给出了一个具有 n 个输入变量的分层模糊系统的结构。系统中将系统变量 x_1 和 x_2 作为第一层模糊系统的输入；第一层模糊系统的输出 y_1 和另一个变量 x_3 作为第二层模糊系统的输入，如此下去。

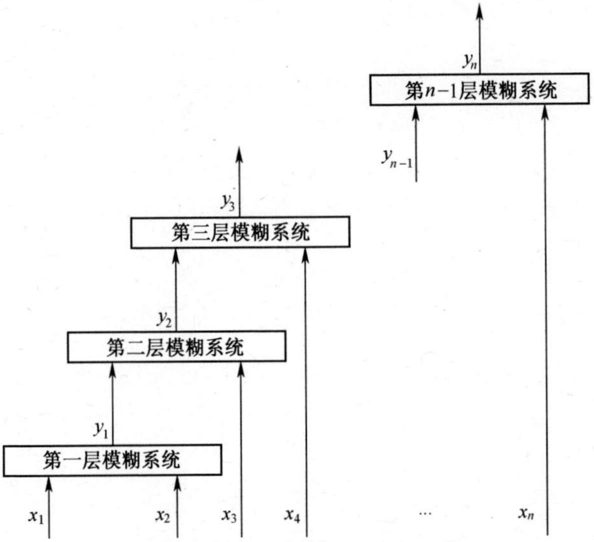

图3.3 分层模糊系统结构图

根据 3.3 节中的步骤构造第 i 层模糊系统,得到

$$y_i = \frac{\sum_{l=1}^{L_i} \bar{y}_i^l \left(\prod_{j=1}^{2} \mu_{A_j^l}(y_{i-1}, x_{i+1}) \right)}{\sum_{l=1}^{L_i} \left(\prod_{j=1}^{2} \mu_{A_j^l}(y_{i-1}, x_{i+1}) \right)} \tag{3.64}$$

式中:$\bar{y}_i^l$ 为模糊系统的自由参数。

若 θ_i 表示自由变化的参数集合,则上式可变换为

$$y_i = \boldsymbol{\theta}_i^{\mathrm{T}} \xi(y_{i-1}, x_{i+1}) \tag{3.65}$$

式中:$\xi(y_{i-1}, x_{i+1})$ 为一 L_i 维的向量,则第 m 个向量元素为

$$\xi_m(y_{i-1}, x_{i+1}) = \frac{\bar{y}_i^m \left(\prod_{j=1}^{2} \mu_{A_j^m}(y_{i-1}, x_{i+1}) \right)}{\sum_{l=1}^{L_i} \left(\prod_{j=1}^{2} \mu_{A_j^l}(y_{i-1}, x_{i+1}) \right)} \tag{3.66}$$

采用上述步骤建立如下所示的模糊系统:

$$\hat{f}_V = \boldsymbol{\theta}_{f_V, n-1}^{\mathrm{T}} \xi_{f_V, n-1}(y_{f_V, n-2}, x_n) \tag{3.67}$$

来逼近函数 f_V,式中:

$$y_{f_V, n-2} = \boldsymbol{\theta}_{f_V, n-2}^{\mathrm{T}} \xi_{f_V, n-2}(y_{f_V, n-3}, x_{n-1}) \tag{3.68}$$

$$\cdots\cdots \quad \cdots\cdots$$

$$y_{f_V, 1} = \boldsymbol{\theta}_{f_V, 1}^{\mathrm{T}} \xi_{f_V, 1}(x_1, x_2) \tag{3.69}$$

同理可采用同样的步骤,分别建立相应的模糊系统对函数 f_h、g_{11}、g_{12}、g_{21} 和 g_{22} 进行逼近。模糊系统建立之后,专家知识与经验知识等其他与系统有关的知识通过初始状态自由参数确立的过程被嵌入到控制系统中。

3.4.2 基于分层模糊系统的自适应 H_∞ 控制器设计

依照上述步骤建立的分层模糊系统存在一定的逼近误差,同时被控系统中存在的不确定参数以及受到外部干扰,都会对控制系统的控制品质造成一定的影响。为此对控制器(3.63)进行了适当改进,引入了鲁棒补偿项。

依据 3.3 节可得,系统满足假设 3.1、3.2 和 3.3。

则设计出如下所示的模糊自适应 H_∞ 控制器：

$$\boldsymbol{U}=[\hat{\boldsymbol{G}}(\boldsymbol{X})]^{-1}$$

$$\left\{-\hat{\boldsymbol{F}}-\boldsymbol{U}_h+\begin{bmatrix}\dddot{V}_d\\ h_d^{(4)}\end{bmatrix}+\begin{bmatrix}\lambda_{12}\ddot{e}_V+\lambda_{11}\dot{e}_V\\ \lambda_{23}\dddot{e}_h+\lambda_{22}\ddot{e}_h+\lambda_{21}\dot{e}_h\end{bmatrix}+\begin{bmatrix}K_1r_V\\ K_2r_h\end{bmatrix}-\boldsymbol{U}_F\right\} \tag{3.70}$$

式中 $\boldsymbol{U}_F=[u_{f1}\quad u_{f2}]^{\mathrm{T}}$ 为引入的鲁棒补偿项，使系统获得如下所示的 H_∞ 跟踪性能指标：

$$\int_0^{\mathrm{T}}\boldsymbol{e}^{\mathrm{T}}\boldsymbol{Q}\boldsymbol{e}\mathrm{d}t\leqslant\boldsymbol{e}^{\mathrm{T}}(0)\boldsymbol{Q}\boldsymbol{e}(0)+\frac{1}{\eta}[\tilde{\theta}^{\mathrm{T}}(0)\tilde{\theta}(0)]+\rho^2\int_0^{\mathrm{T}}\omega^{\mathrm{T}}\omega\mathrm{d}t \tag{3.71}$$

式中 $\tilde{\theta}=[\theta_1-\theta_1^*,\cdots,\theta_m-\theta_m^*]$ 为建立的模糊系统参数的逼近误差（θ_i 和 θ_i^* 分别为模糊系统的估计参数和最优估计参数）；其余参数变量含义同式(3.30)。

将上述控制器带入到系统中，得

$$\dot{\boldsymbol{e}}_V=\boldsymbol{A}_1\boldsymbol{e}_V+\boldsymbol{B}_1\left[(\hat{f}_V-f)+\sum_{i=1}^{2}(\hat{g}_{1i}-g_{1i})u_i+\sum_{j=1}^{n-2}y_{f_V,j}+\sum_{k=1}^{n-2}(z_{g_{11},k}+z_{g_{12},k})+d_1+u_{f1}\right] \tag{3.72}$$

$$\dot{\boldsymbol{e}}_h=\boldsymbol{A}_2\boldsymbol{e}_h+\boldsymbol{B}_2\left[(\hat{f}_h-f_h)+\sum_{i=1}^{2}(\hat{g}_{2i}-g_{2i})u_i+\sum_{j=1}^{n-2}y_{f_h,j}+\sum_{k=1}^{n-2}(z_{g_{21},k}+z_{g_{22},k})+d_2+u_{f2}\right] \tag{3.73}$$

式中：$\boldsymbol{e}_V=[e_V\quad\dot{e}_V\quad\ddot{e}_V]^{\mathrm{T}}$；$\boldsymbol{e}_h=[e_h\quad\dot{e}_h\quad\ddot{e}_h\quad\dddot{e}_h]^{\mathrm{T}}$；$\boldsymbol{A}_1=\begin{bmatrix}0&1&0\\0&0&1\\-K_1\lambda_{11}&-K_1\lambda_{12}-\lambda_{11}&-K_1-\lambda_{12}\end{bmatrix}$；$\boldsymbol{A}_2=\begin{bmatrix}0&1&0&0\\0&0&1&0\\0&0&0&1\\-K_2\lambda_{21}&-K_2\lambda_{22}-\lambda_{21}&-K_2\lambda_{23}-\lambda_{22}&-K_2-\lambda_{23}\end{bmatrix}$；$\boldsymbol{B}_1=$

$[0\quad 0\quad 1]^{\mathrm{T}}$；$\boldsymbol{B}_2=[0\quad 0\quad 0\quad 1]^{\mathrm{T}}$。

定义参数的最优估计分别为

$$\begin{aligned}\boldsymbol{\theta}_{f_h}^* &= [(\boldsymbol{\theta}_{f_h,1}^*)^{\mathrm{T}},(\boldsymbol{\theta}_{f_h,2}^*)^{\mathrm{T}},\cdots,(\boldsymbol{\theta}_{f_h,n-1}^*)^{\mathrm{T}}]^{\mathrm{T}}\\ &= \underset{\boldsymbol{\theta}_{f_h,i}\in\boldsymbol{\Omega}_{f_h,i}(i=1,\cdots,n-1)}{\operatorname{argmin}}[\sup|f_h(\boldsymbol{X})-\hat{f}_h(\boldsymbol{X}\mid\boldsymbol{\theta}_{f_h})|]\end{aligned}\tag{3.74}$$

$$\begin{aligned}\boldsymbol{\theta}_{g_{ij}}^* &= [(\boldsymbol{\theta}_{g_{ij},1}^*)^{\mathrm{T}},(\boldsymbol{\theta}_{g_{ij},2}^*)^{\mathrm{T}},\cdots,(\boldsymbol{\theta}_{g_{ij},n-1}^*)^{\mathrm{T}}]^{\mathrm{T}}\\ &= \underset{\boldsymbol{\theta}_{g_{ij},k}\in\boldsymbol{\Omega}_{g_{ij},k}(k=1,\cdots,n-1)}{\operatorname{argmin}}[\sup\|\boldsymbol{G}(\boldsymbol{X})-\hat{\boldsymbol{G}}(\boldsymbol{X}\mid\boldsymbol{\theta}_{g_{ij}})\|]\end{aligned}\tag{3.75}$$

式中：$\boldsymbol{\Omega}_{f_V,i}=\{\boldsymbol{\theta}_{f_V,i}\mid\|\boldsymbol{\theta}_{f_V,i}\|\leqslant M_{f_V,i}\}$；$\boldsymbol{\Omega}_{g_{ij},k}=\{\boldsymbol{\theta}_{g_{ij},k}\mid\|\boldsymbol{\theta}_{g_{ij},k}\|\leqslant M_{g_{ij},k}\}$；$\boldsymbol{\Omega}_{f_h,i}=\{\boldsymbol{\theta}_{f_h,i}\mid\|\boldsymbol{\theta}_{f_h,i}\|\leqslant M_{f_h,i}\}$；$M_*$为控制器设计中设定的上界。

定义最小逼近误差：

$$\omega_i'=[\hat{f}_i(\boldsymbol{X}\mid\boldsymbol{\theta}_i^*)-f_i(\boldsymbol{X})]+\sum_{j=1}^{2}[\hat{g}_{ij,n-1}(\boldsymbol{X}\mid\boldsymbol{\theta}_{ij}^*)-g_{ij,n-1}(\boldsymbol{X})]u_j\tag{3.76}$$

则式(3.72)和式(3.73)可变换为

$$\begin{aligned}\dot{\boldsymbol{e}}_V=\boldsymbol{A}_1\boldsymbol{e}_V+\boldsymbol{B}_1\Big[&u_{f1}+\widetilde{\boldsymbol{\theta}}_{f_V}^{\mathrm{T}}\xi_1(\boldsymbol{X})+\sum_{j=1}^{2}[(\widetilde{\boldsymbol{\theta}}_{g_{1j},n-1})^{\mathrm{T}}\xi_{g_{1j},n-1}]u_j+\\ &\sum_{j=1}^{2}\sum_{k=1}^{n-2}[\widetilde{\boldsymbol{\theta}}_{g_{1j},k}^{\mathrm{T}}\xi_{g_{1j},k}]+\omega_1'+\sum_{j=1}^{n-2}(\boldsymbol{\theta}_{f_V,j}^*)^{\mathrm{T}}\xi_{f_V,j}+\\ &\sum_{j=1}^{2}\sum_{k=1}^{n-2}[(\boldsymbol{\theta}_{g_{1j},k}^*)^{\mathrm{T}}\xi_{g_{1j},k}]+d_1\Big]\end{aligned}\tag{3.77}$$

$$\begin{aligned}\dot{\boldsymbol{e}}_h=\boldsymbol{A}_2\boldsymbol{e}_h+\boldsymbol{B}_2\Big[&u_{f2}+\widetilde{\boldsymbol{\theta}}_{f_h}^{\mathrm{T}}\xi_2(\boldsymbol{x})+\sum_{j=1}^{2}[(\widetilde{\boldsymbol{\theta}}_{g_{2j},n-1})^{\mathrm{T}}\xi_{g_{2j},n-1}]u_j+\\ &\sum_{j=1}^{2}\sum_{k=1}^{n-2}[\widetilde{\boldsymbol{\theta}}_{g_{2j},k}^{\mathrm{T}}\xi_{g_{2j},k}]+\omega_2'+\sum_{j=1}^{n-2}(\boldsymbol{\theta}_{f_h,j}^*)^{\mathrm{T}}\xi_{f_h,j}+\\ &\sum_{j=1}^{2}\sum_{k=1}^{n-2}[(\boldsymbol{\theta}_{g_{2j},k}^*)^{\mathrm{T}}\xi_{g_{2j},k}]+d_2\Big]\end{aligned}\tag{3.78}$$

式中：$\widetilde{\boldsymbol{\theta}}_{f_V}^{\mathrm{T}}=[(\boldsymbol{\theta}_{f_V,1}-\boldsymbol{\theta}_{f_V,1}^*)^{\mathrm{T}},(\boldsymbol{\theta}_{f_V,2}-\boldsymbol{\theta}_{f_V,2}^*)^{\mathrm{T}},\cdots,(\boldsymbol{\theta}_{f_V,n-1}-\boldsymbol{\theta}_{f_V,n-1}^*)^{\mathrm{T}}]$；$\xi_1(\boldsymbol{x})=[\xi_{f_V,1}^{\mathrm{T}},\cdots,\xi_{f_V,n-1}^{\mathrm{T}}]^{\mathrm{T}}$；$\widetilde{\boldsymbol{\theta}}_{g_{ij},k}=\boldsymbol{\theta}_{g_{ij},k}-\boldsymbol{\theta}_{g_{ij},k}^*(i,j=1,2;k=1,\cdots,n-$

1)；$\xi_2(\boldsymbol{x}) = [\xi_{f_h,1}^{\mathrm{T}}, \xi_{f_h,2}^{\mathrm{T}}, \cdots, \xi_{f_h,n-1}^{\mathrm{T}}]^{\mathrm{T}}$；$\widetilde{\boldsymbol{\theta}}_{f_h}^{\mathrm{T}} = [(\boldsymbol{\theta}_{f_h,1} - \boldsymbol{\theta}_{f_h,1}^*)^{\mathrm{T}}, (\boldsymbol{\theta}_{f_h,2} - \boldsymbol{\theta}_{f_h,2}^*)^{\mathrm{T}}, \cdots, (\boldsymbol{\theta}_{f_h,n-1} - \boldsymbol{\theta}_{f_h,n-1}^*)^{\mathrm{T}}]$。

假设自由参数和随机干扰 d_1、d_2 有界，则设定组合干扰为

$$\omega_1 = \omega_1' + \sum_{j=1}^{n-2} (\boldsymbol{\theta}_{f_V,j}^*)^{\mathrm{T}} \xi_{f_V,j} + \sum_{j=1}^{2} \sum_{k=1}^{n-2} [(\boldsymbol{\theta}_{g_{1j},k}^*)^{\mathrm{T}} \xi_{g_{1j},k}] + d_1 \tag{3.79}$$

$$\omega_2 = \omega_2' + \sum_{j=1}^{n-2} (\boldsymbol{\theta}_{f_h,j}^*)^{\mathrm{T}} \xi_{f_h,j} + \sum_{j=1}^{2} \sum_{k=1}^{n-2} [(\boldsymbol{\theta}_{g_{2j},k}^*)^{\mathrm{T}} \xi_{g_{2j},k}] + d_2 \tag{3.80}$$

选取 Lyapunov 函数：

$$V_{sum} = V_V + V_h \tag{3.81}$$

$$V_V = \frac{1}{2} \boldsymbol{e}_V^{\mathrm{T}} \boldsymbol{P}_1 \boldsymbol{e}_V + \sum_{i=1}^{n-1} \frac{1}{2\alpha_i} \widetilde{\boldsymbol{\theta}}_{f_V,i}^{\mathrm{T}} \widetilde{\boldsymbol{\theta}}_{f_V,i} + \sum_{j=1}^{2} \sum_{k=1}^{n-1} \left[\frac{1}{2\gamma_{1j,k}} \widetilde{\boldsymbol{\theta}}_{g_{1j},k}^{\mathrm{T}} \widetilde{\boldsymbol{\theta}}_{g_{1j},k} \right] \tag{3.82}$$

$$V_h = \frac{1}{2} \boldsymbol{e}_h^{\mathrm{T}} \boldsymbol{P}_2 \boldsymbol{e}_h + \sum_{i=1}^{n-1} \frac{1}{2\beta_i} \widetilde{\boldsymbol{\theta}}_{f_h,i}^{\mathrm{T}} \widetilde{\boldsymbol{\theta}}_{f_h,i} + \sum_{j=1}^{2} \sum_{k=1}^{n-1} \left[\frac{1}{2\gamma_{2j,k}} \widetilde{\boldsymbol{\theta}}_{g_{2j},k}^{\mathrm{T}} \widetilde{\boldsymbol{\theta}}_{g_{2j},k} \right] \tag{3.83}$$

式中：$\alpha_i > 0$，$\gamma_{1j,k} > 0$，$\beta_i > 0$，$\gamma_{2j,k} > 0$ 为设计的自适应参数。

对 V_V 求导数，将式(3.77)和式(3.79)代入式(3.82)中，整理合并得

$$\begin{aligned} \dot{V}_V = & \frac{1}{2} \boldsymbol{e}_V^{\mathrm{T}} (\boldsymbol{P}_1 \boldsymbol{A}_1 + \boldsymbol{A}_1^{\mathrm{T}} \boldsymbol{P}_1) \boldsymbol{e}_V + \sum_{i=1}^{n-1} \frac{1}{\alpha_i} \widetilde{\theta}_{f_V,i}^{\mathrm{T}} [\alpha_i \boldsymbol{e}_V^{\mathrm{T}} \boldsymbol{P}_1 \boldsymbol{B}_1 \xi_{f_V,i} \\ & (y_{f_V,i-1}, x_{i+1}) + \dot{\theta}_{f_V,i}] + \sum_{j=1}^{2} \sum_{k=1}^{n-2} \frac{1}{\gamma_{1j,k}} \widetilde{\theta}_{g_{1j},k}^{\mathrm{T}} [\gamma_{1j,k} \boldsymbol{e}_V^{\mathrm{T}} \boldsymbol{P}_1 \boldsymbol{B}_1 \xi_{g_{1j},k} \\ & (y_{g_{1j},k-1}, x_{k+1}) + \dot{\theta}_{g_{1j},k}] + \boldsymbol{e}_V^{\mathrm{T}} \boldsymbol{P}_1 \boldsymbol{B} [\mu_{f_1} + w_1] \\ & + \sum_{j=1}^{2} \frac{1}{\gamma_{1j,n-1}} \widetilde{\theta}_{g_{1j},n-1}^{\mathrm{T}} [\gamma_{1j,n-1} \boldsymbol{e}_V^{\mathrm{T}} \boldsymbol{P}_1 \boldsymbol{B}_1 \xi_{g_{1j},n-1} (y_{g_{1j},n-2}, x_n) u_j + \dot{\theta}_{g_{1j},n-1}] \end{aligned} \tag{3.84}$$

为了保证系统中涉及参数的有界性，满足假设 3.3 的要求，选取自

由参数的自适应律为

当 $i=1,2,\cdots,n-1$ 时，

$$\dot{\theta}_{f_V,i}=\begin{cases}-\alpha_i \boldsymbol{e}_V^{\mathrm{T}}\boldsymbol{P}_1\boldsymbol{B}_1\xi_{f_V,i}(y_{f_V,i-1},x_{i+1}),\ \|\boldsymbol{\theta}_{f_V,i}\|<M_{f_V,i}\\ \text{或}\ \|\boldsymbol{\theta}_{f_V,i}\|=M_{f_V,i}\ \text{且}\ \boldsymbol{e}_V^{\mathrm{T}}\boldsymbol{P}_1\boldsymbol{B}_1\theta_{f_V,i}^{\mathrm{T}}\xi_{f_V,i}\geqslant 0\\ -\alpha_i \boldsymbol{e}_V^{\mathrm{T}}\boldsymbol{P}_1\boldsymbol{B}_1\left(\xi_{f_V,i}-\dfrac{\boldsymbol{\theta}_{f_V,i}\boldsymbol{\theta}_{f_V,i}^{\mathrm{T}}\xi_{f_V,i}(y_{f_V,i-1},x_{i+1})}{\|\boldsymbol{\theta}_{f_V,i}\|^2}\right),\ \|\boldsymbol{\theta}_{f_V,i}\|=M_{f_V,i}\\ \text{且}\ \boldsymbol{e}_V^{\mathrm{T}}\boldsymbol{P}_1\boldsymbol{B}_1\boldsymbol{\theta}_{f_V,i}^{\mathrm{T}}\xi_{f_V,i}<0\end{cases}\tag{3.85}$$

当 $k=1,2,\cdots,n-2$ 时，

$$\dot{\boldsymbol{\theta}}_{g_{1j},k}=\begin{cases}-\gamma_{1j,k}\boldsymbol{e}_V^{\mathrm{T}}\boldsymbol{P}_1\boldsymbol{B}_1\xi_{g_{1j},k}(y_{g_{1j},k-1},x_{k+1}),\ \|\boldsymbol{\theta}_{g_{1j},k}\|<M_{g_{1j},k}\\ \text{或}\ \|\boldsymbol{\theta}_{g_{1j},k}\|=M_{g_{1j},k}\text{且}\ \boldsymbol{e}_V^{\mathrm{T}}\boldsymbol{P}_1\boldsymbol{B}_1\boldsymbol{\theta}_{g_{1j},k}^{\mathrm{T}}\xi_{g_{1j},k}\geqslant 0\\ -\gamma_{1j,k}\boldsymbol{e}_V^{\mathrm{T}}\boldsymbol{P}_1\boldsymbol{B}_1\left(\xi_{g_{1j},k}-\dfrac{\boldsymbol{\theta}_{g_{1j},k}\boldsymbol{\theta}_{g_{1j},k}^{\mathrm{T}}\xi_{g_{1j},k}(y_{g_{1j},k-1},x_{k+1})}{\|\boldsymbol{\theta}_{g_{1j},k}\|^2}\right),\ \|\boldsymbol{\theta}_{g_{1j},k}\|=M_{g_{1j},k}\\ \text{且}\ \boldsymbol{e}_V^{\mathrm{T}}\boldsymbol{P}_1\boldsymbol{B}_1\boldsymbol{\theta}_{g_{1j},k}^{\mathrm{T}}\xi_{g_{1j},k}<0\end{cases}\tag{3.86}$$

当 $k=n-1$ 时，

$$\dot{\boldsymbol{\theta}}_{g_{1j},n-1}=\begin{cases}-\gamma_{1j,n-1}\boldsymbol{e}_V^{\mathrm{T}}\boldsymbol{P}_1\boldsymbol{B}_1\xi_{g_{1j},n-1}u_j,\quad \|\boldsymbol{\theta}_{g_{1j},n-1}\|<M_{g_{1j},n-1}\\ \text{或}\ \|\boldsymbol{\theta}_{g_{1j},n-1}\|=M_{g_{1j},n-1}\ \text{且}\ \boldsymbol{e}_V^{\mathrm{T}}\boldsymbol{P}_1\boldsymbol{B}_1\boldsymbol{\theta}_{g_{1j},n-1}^{\mathrm{T}}\xi_{g_{1j},n-1}u_j\geqslant 0\\ -\gamma_{1j,n-1}\boldsymbol{e}_V^{\mathrm{T}}\boldsymbol{P}_1\boldsymbol{B}_1\left(\xi_{g_{1j},n-1}-\dfrac{\boldsymbol{\theta}_{g_{1j},n-1}\boldsymbol{\theta}_{g_{1j},n-1}^{\mathrm{T}}\xi_{g_{1j},n-1}}{\|\boldsymbol{\theta}_{g_{1j},n-1}\|^2}\right)u_j,\\ \|\boldsymbol{\theta}_{g_{1j},n-1}\|=M_{g_{1j},n-1}\ \text{且}\ \boldsymbol{e}_V^{\mathrm{T}}\boldsymbol{P}_1\boldsymbol{B}_1\boldsymbol{\theta}_{g_{1j},n-1}^{\mathrm{T}}\xi_{g_{1j},n-1}u_j<0\end{cases}\tag{3.87}$$

根据文献[78]，式(3.85)、式(3.86)、式(3.87)可以保证自由参数集的模有界，并且可以得到

$$\tilde{\boldsymbol{\theta}}_{f_V,i}^{\mathrm{T}}[\alpha_i \boldsymbol{e}_V^{\mathrm{T}}\boldsymbol{P}_1\boldsymbol{B}_1\xi_{f_V,i}(y_{f_V,i-1},x_{i+1})+\dot{\boldsymbol{\theta}}_{f_V,i}]\leqslant 0\tag{3.88}$$

$$\tilde{\boldsymbol{\theta}}_{g_{1j},k}^{T}[\gamma_{1j,k}\boldsymbol{e}_V^{\mathrm{T}}\boldsymbol{P}_1\boldsymbol{B}_1\xi_{g_{1j},k}(y_{g_{1j},k-1},x_{k+1})+\dot{\boldsymbol{\theta}}_{g_{1j},k}]\leqslant 0\tag{3.89}$$

$$\tilde{\boldsymbol{\theta}}_{g_{1j},n-1}^{\mathrm{T}}[\gamma_{1j,n-1}\boldsymbol{e}_V^{\mathrm{T}}\boldsymbol{P}_1\boldsymbol{B}_1\xi_{g_{1j},n-1}(y_{g_{1j},n-2},x_n)u_j+\dot{\boldsymbol{\theta}}_{g_{1j},n-1}]\leqslant 0 \tag{3.90}$$

根据上述不等式,则式(3.84)可简化为

$$\dot{V}_V\leqslant\frac{1}{2}\boldsymbol{e}_V^{\mathrm{T}}(\boldsymbol{P}_1\boldsymbol{A}_1+\boldsymbol{A}_1^{\mathrm{T}}\boldsymbol{P}_1)\boldsymbol{e}_V+\boldsymbol{e}_V^{\mathrm{T}}\boldsymbol{P}_1\boldsymbol{B}[\mu_{f_1}+w_1] \tag{3.91}$$

选取鲁棒补偿项为

$$u_{f1}=-\frac{1}{\mu_1}\boldsymbol{e}_V^{\mathrm{T}}\boldsymbol{P}_1\boldsymbol{B}_1 \tag{3.92}$$

式中:$\mu_1>0$ 为鲁棒控制项加权因子。

令 $\boldsymbol{P}_1$ 为如下 Riccati 方程之解:

$$\boldsymbol{P}_1\boldsymbol{A}_1+\boldsymbol{A}_1^{\mathrm{T}}\boldsymbol{P}_1+\boldsymbol{Q}_1-\boldsymbol{P}_1\boldsymbol{B}_1\left(\frac{2}{\mu_1}-\frac{1}{\rho^2}\right)\boldsymbol{B}_1^{\mathrm{T}}\boldsymbol{P}_1=0 \tag{3.93}$$

式中:ρ 为设计的干扰抑制水平常数;矩阵 $\boldsymbol{Q}_1$ 为选定的正定矩阵。

将式(3.92)、式(3.93)代入(3.91)式中,得

$$\begin{aligned}\dot{V}_V&\leqslant\frac{1}{2}\boldsymbol{e}_V^{\mathrm{T}}(\boldsymbol{P}_1\boldsymbol{A}_1+\boldsymbol{A}_1^{\mathrm{T}}\boldsymbol{P}_1)\boldsymbol{e}_V-\frac{1}{\mu_1}\boldsymbol{e}_V^{\mathrm{T}}\boldsymbol{P}_1\boldsymbol{B}\boldsymbol{B}_1^{\mathrm{T}}\boldsymbol{P}_1\boldsymbol{e}_V+\boldsymbol{e}_V^{\mathrm{T}}\boldsymbol{P}_1\boldsymbol{B}w_1\\&=\frac{1}{2}\boldsymbol{e}_V^{\mathrm{T}}\left(\boldsymbol{P}_1\boldsymbol{A}_1+\boldsymbol{A}_1^{\mathrm{T}}\boldsymbol{P}_1-\frac{2}{\mu_1}\boldsymbol{P}_1\boldsymbol{B}\boldsymbol{B}_1^{\mathrm{T}}\boldsymbol{P}_1\right)\boldsymbol{e}_V+\boldsymbol{e}_V^{\mathrm{T}}\boldsymbol{P}_1\boldsymbol{B}w_1\\&=-\frac{1}{2}\boldsymbol{e}_V^{\mathrm{T}}\boldsymbol{Q}_1\boldsymbol{e}_V-\frac{1}{2\rho^2}\boldsymbol{e}_V^{\mathrm{T}}\boldsymbol{P}_1\boldsymbol{B}_1\boldsymbol{B}_1^{\mathrm{T}}\boldsymbol{P}_1\boldsymbol{e}_V+\omega_1^{\mathrm{T}}\boldsymbol{B}_1^{\mathrm{T}}\boldsymbol{P}_1\boldsymbol{e}_V\end{aligned} \tag{3.94}$$

对式(3.94)进行适当变形,得到

$$\begin{aligned}\dot{V}_V&\leqslant-\frac{1}{2}\boldsymbol{e}_V^{\mathrm{T}}\boldsymbol{Q}_1\boldsymbol{e}_V-\frac{1}{2}\left(\frac{1}{\rho}\boldsymbol{e}_V^{\mathrm{T}}\boldsymbol{P}_1\boldsymbol{B}_1-\rho\omega_1\right)^{\mathrm{T}}\left(\frac{1}{\rho}\boldsymbol{e}_V^{\mathrm{T}}\boldsymbol{P}_1\boldsymbol{B}_1-\rho\omega_1\right)+\frac{1}{2}\rho^2\omega_1^2\\&\leqslant-\frac{1}{2}\boldsymbol{e}_V^{\mathrm{T}}\boldsymbol{Q}_1\boldsymbol{e}_V+\frac{1}{2}\rho^2\omega_1^2\end{aligned} \tag{3.95}$$

令 $C_1=\min\left\{\lambda',\frac{1}{\alpha_i},\frac{1}{\gamma_*}\right\}$;$\lambda'=\min\left\{\frac{\inf\lambda_{\min}(\boldsymbol{Q}_1)}{\sup\lambda_{\max}(\boldsymbol{Q}_1)}\right\}$;$\lambda_{\min}(\boldsymbol{Q}_1)$、$\lambda_{\max}(\boldsymbol{Q}_1)$ 分别表示为半正定矩阵 $\boldsymbol{Q}_1$ 的最小和最大特征值;$\phi_1=\sum\limits_{i=1}^{n-1}$

$\dfrac{M_{f_V,i}^2}{2\alpha_i}+\sum_{j=1}^{2}\sum_{k=1}^{n-1}\dfrac{M_{g_{1j},k}^2}{2\gamma_{1j,k}}+\dfrac{1}{2}\rho^2\overline{\omega}_1^2$；$\overline{\omega}_1=\sup\|\omega_i\|$ 为系统组合干扰的上界。对上式整理可得

$$\dot{V}_V\leqslant -C_V V_V+\phi_1 \tag{3.96}$$

同理在高度通道上也可得到

$$\dot{V}_h\leqslant -C_2 V_h+\phi_2 \tag{3.97}$$

式中：C_2 与 ϕ_2 的定义同式(3.96)。

联立式(3.96)、式(3.97)，可得

$$\dot{V}_{\mathrm{sum}}\leqslant -CV_{\mathrm{sum}}+\phi \tag{3.98}$$

式中：$C=\min\{C_1,C_2\}$，$\phi=2\max\{\phi_1,\phi_2\}$。

由以上式(3.96)、式(3.97)、式(3.98)和假设 3.3，可推得：$\boldsymbol{e}_V,\boldsymbol{e}_h,\boldsymbol{X}\in \boldsymbol{L}_\infty$，则对式(3.95)在 $[0,T]$ 上进行积分可得

$$\begin{aligned}
&\int_0^T \boldsymbol{e}_V^{\mathrm{T}}\boldsymbol{Q}_1\boldsymbol{e}_V\mathrm{d}t\\
&\leqslant 2\int_0^T -\dot{V}_V\mathrm{d}t+\rho^2\int_0^T\omega_1^2\mathrm{d}t\leqslant 2V_V(0)-2V_V(T)+\rho^2\int_0^T\omega_1^2\mathrm{d}t\leqslant 2V_V(0)+\\
&\quad\rho^2\int_0^T\omega_1^2\mathrm{d}t\\
&\leqslant \boldsymbol{e}_V^{\mathrm{T}}(0)\boldsymbol{P}_1\boldsymbol{e}_V(0)+\sum_{i=1}^{n-1}\frac{1}{\alpha_i}\tilde{\boldsymbol{\theta}}_{f_V,i}^{\mathrm{T}}(0)\tilde{\boldsymbol{\theta}}_{f_V,i}(0)+\\
&\quad\sum_{j=1}^{2}\sum_{k=1}^{n-1}\left[\frac{1}{\gamma_{1j,k}}\tilde{\boldsymbol{\theta}}_{g_{1j},k}^{\mathrm{T}}(0)\tilde{\boldsymbol{\theta}}_{g_{1j},k}(0)\right]+\rho^2\int_0^T\omega_1^2\mathrm{d}t
\end{aligned}\tag{3.99}$$

同理在高度通道上，得到

$$\begin{aligned}
&\int_0^T \boldsymbol{e}_h^{\mathrm{T}}\boldsymbol{Q}_2\boldsymbol{e}_h\mathrm{d}t\\
&\leqslant \boldsymbol{e}_h^{\mathrm{T}}(0)\boldsymbol{P}_2\boldsymbol{e}_h(0)+\sum_{i=1}^{n-1}\frac{1}{\beta_i}\tilde{\boldsymbol{\theta}}_{f_h,i}^{\mathrm{T}}(0)\tilde{\boldsymbol{\theta}}_{f_h,i}(0)+\\
&\quad\sum_{j=1}^{2}\sum_{k=1}^{n-1}\left[\frac{1}{\gamma_{2j,k}}\tilde{\boldsymbol{\theta}}_{g_{2j},k}^{\mathrm{T}}(0)\tilde{\boldsymbol{\theta}}_{g_{2j},k}(0)\right]+\rho^2\int_0^T\omega_2^2\mathrm{d}t
\end{aligned}\tag{3.100}$$

取 $\boldsymbol{e}=[\boldsymbol{e}_V^{\mathrm{T}},\boldsymbol{e}_h^{\mathrm{T}}]^{\mathrm{T}}$；$\boldsymbol{Q}=\mathrm{diag}[\boldsymbol{Q}_1,\boldsymbol{Q}_2]$；$\boldsymbol{P}=\mathrm{diag}[\boldsymbol{P}_1,\boldsymbol{P}_2]$；

$\eta=\min\{\alpha_1,\cdots,\alpha_{n-1},\beta_1,\cdots,\beta_{n-1},\gamma_{11,1},\cdots,\gamma_{22,n-1}\}$；$\widetilde{\boldsymbol{\theta}}=[\widetilde{\boldsymbol{\theta}}_{f_V}^{\mathrm{T}},\widetilde{\boldsymbol{\theta}}_{f_h}^{\mathrm{T}},\widetilde{\boldsymbol{\theta}}_{g_{11}}^{\mathrm{T}},\widetilde{\boldsymbol{\theta}}_{g_{12}}^{\mathrm{T}},\widetilde{\boldsymbol{\theta}}_{g_{21}}^{\mathrm{T}},\widetilde{\boldsymbol{\theta}}_{g_{22}}^{\mathrm{T}}]^{\mathrm{T}}$；$\omega=[\omega_1,\omega_2]^{\mathrm{T}}$，则下式成立：

$$\frac{1}{2}\int_0^T \boldsymbol{e}^{\mathrm{T}}\boldsymbol{Q}\boldsymbol{e}\mathrm{d}t\leqslant\frac{1}{2}\boldsymbol{e}^{\mathrm{T}}(0)\boldsymbol{P}\boldsymbol{e}(0)+\frac{1}{2\eta}\widetilde{\boldsymbol{\theta}}^{\mathrm{T}}(0)\widetilde{\boldsymbol{\theta}}(0)+\frac{1}{2}\rho^2\int_0^T\omega^{\mathrm{T}}\omega\mathrm{d}t \tag{3.101}$$

故采用本节设计的基于分层模糊系统的自适应控制器(3.70)，各层系统参数自适应律(3.85)、(3.86)、(3.87)，鲁棒补偿项(3.92)，能够使系统稳定跟踪给定的指令，并具有如式(3.72)所示的 H_∞ 性能。

3.4.3 仿真分析

本节中仿真环境同3.3节，控制指令分别为：速度阶跃指令信号100ft/s，高度阶跃指令信号2000ft。给出文献[73]中提出的基于分层模糊系统的间接自适应控制方法和基于本节提出的基于分层模糊系统的自适应 H_∞ 方法设计的控制器，分别在存在参数不确定性和增加俯仰轴外部强干扰条件下（具体数据参见3.3节）的两组仿真结果[90]。

每一种控制方案选定的参数均为

$K_1=20$，$K_2=1$；$\lambda_{11}=1.3636$，$\lambda_{12}=2.0758$，$\lambda_{21}=0.0286$，$\lambda_{22}=0.1953$，$\lambda_{23}=0.5386$；$\boldsymbol{Q}_1=0.5\boldsymbol{I}_{3\times3}$，$\boldsymbol{Q}_2=0.5\boldsymbol{I}_{4\times4}$。

对于本节中的鲁棒补偿项参数为：

$\mu_1=1$，$\rho_1=2$，$\mu_2=0.08$，$\rho_2=2$。

同样采用式(3.58)、式(3.59)所示的滤波器对指令信号进行平滑。

图3.4和图3.5分别表示两种方案的仿真曲线。从图3.4中可以看出基于分层模糊系统的自适应控制方案不能实现对高度指令的稳定跟踪，在强干扰条件下这种控制方法鲁棒性能很差。从图3.5中可以看出基于分层模糊系统自适应 H_∞ 方案能够稳定地跟踪高度和速度指令，通过对节流阀开度和舵偏角的不断调整，来抑制强干扰对控制系统造成的影响。仿真结果表明，即使在强干扰条件下，控制系统依然能够保持很强的鲁棒性能，相比于文献[73]中的方法更具有优越性。

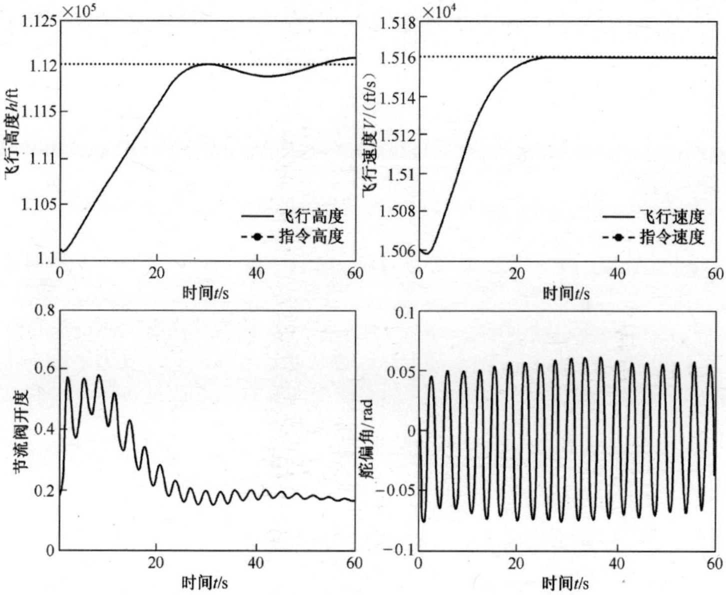

图 3.4　基于分层模糊系统自适应控制方案

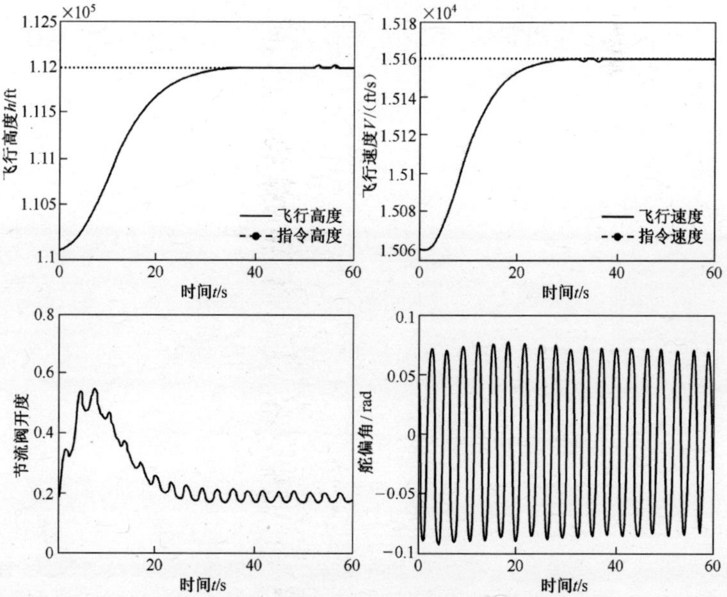

图 3.5　基于分层模糊系统自适应 H_∞ 控制方案

如果采用传统的模糊系统,对于文中的5个变量,假设每个模糊输入变量定义为4个模糊集,则模糊系统的规则数也即是需要辨识的参数为$4^5=1024$个。而采用分层模糊系统需要辨识的参数则为$4^2\times(5-1)=64$个,这也就非常显著地减少了在线辨识的参数,增强控制系统的实时性能。

3.5 小　结

本章研究了基于模糊系统的高超声速飞行器自适应H_∞控制器设计问题。在传统稳定的模糊自适应控制器设计的基础之上,采用分层模糊系统逼近未知不确定非线性函数,有效地减少了在线辨识参数的数量,增强了控制器的实时性能;并且对自适应控制器进行相应改进,引入了鲁棒控制项,提高了系统在具有参数不确定性和外部强干扰条件下的鲁棒性能。

本章中所提到的两种方法都是建立在系统的能够完全反馈线性化,并且系统满足匹配条件这两个基础之上的。而对于不满足匹配条件的非线性系统控制问题,本章方法显得无能为力。在下一章中将会针对不满足匹配条件的不确定非线性系统的鲁棒控制问题进行深入研究。

第4章 输入受限的高超声速飞行器自适应模糊反步控制

4.1 引　言

由于高超声速飞行器超高的飞行速度和特殊的飞行环境，相比于传统飞行器具有较强的参数不确定和较大的外界干扰。且飞行动力系统对姿态特别是攻角侧滑角具有非常严格的条件要求，控制系统的研究面临前所未有的挑战[9]。为此需要设计鲁棒性很强，跟踪误差满足一定要求的控制系统。同时由于高超声速飞行器不菲的造价，因此也要求控制系统具有高度的可靠性（如系统中状态量传感器出现故障导致状态不能直接测量的情况下，控制系统依然能够实现对指令的稳定跟踪）。在飞行器进行机动飞行时由于执行器自身物理构造的限制，导致执行器出现饱和的情况。如果不考虑这种输入受限的情况，可能会导致系统动态性能变差，如调节时间增长、超调量增大、引起系统滞后和振荡加剧，严重的将导致系统不稳定[91]。

反步法（Backstepping）是在1991年由Kokotovic等人首次提出的，解决了长期以来具有严反馈结构的非线性系统稳定性分析与控制设计的难题[92]。Backstepping方法是一种鲁棒控制方法，其基本思想是将复杂高阶非线性系统分解为一系列的低阶子系统。它从系统的最后一级子系统开始，分别设计虚拟控制律以达到子系统的渐进稳定，然后再对包括最后一级子系统在内的前一级子系统进行设计，使之达到渐进稳定，所以又称逐步后推法。在不确定系统的鲁棒或自适应控制器设计问题上，具有明显优势。但是传统的Backstepping法在设计控制器的过程中存在以下问题：

(1) 虚拟控制器反复求导，并且随着阶数的增加呈指数增长，也就产生了“计算膨胀”问题；

(2) 设计的过程当中需要系统的确定函数，而这些函数在工业控制过程当中往往是不可能精确得到的。

针对出现的“计算膨胀”问题，Swaroop[93] 等人提出了动态面法(Dynamic Surface Control, DSC)。其实质是将产生的虚拟控制量通过一阶滤波器，有效简化了计算。伴随着 Backstepping 方法的发展，自适应模糊 Backstepping 理论已经应用于严反馈形式的非线性系统[94, 95]，并取得一系列的研究成果[96, 97]。这种理论在解决非线性系统的控制问题上主要有以下优势：

(1) 不需要系统精确的数学模型，能够很好地解决系统的不确定问题，具有很强的鲁棒性能；

(2) 不需要系统满足匹配条件；

(3) 不需要非线性系统的未知非线性函数能够参数线性化。因此在对非线性不确定系统的控制器设计上，自适应模糊 Backstepping 方法受到越来越多的欢迎。

由于执行机构的物理特性，系统执行信号会出现饱和受限的问题。比较简单的做法是忽略饱和受限对系统的影响，待控制信号求解完成之后，直接对控制信号进行限幅处理，但是这种方法一般情况下很难保证控制系统的稳定性[98]。比较合理的方法是，在控制器设计过程中就考虑系统受限的影响，比如文献[99]针对一类输入受限的非线性系统，设计出了基于小波网络的抗饱和自适应反步控制器。文献[100]针对卫星编队飞行中的输入受限问题，选取双曲正切函数使得控制器输出有界，从而解决饱和问题。文献[101]给出了不确定非线性系统控制受限问题的时变滑模控制方案。文献[102]提出了一种智能自适应滑模控制方法，利用神经网络逼近补偿执行机构的饱和非线性。文献[103, 104]采用具有光滑特性的双曲正切函数和 Nussbaum 函数对饱和函数进行处理，设计出了反步控制器。文献[105]设计了基于线性矩阵不等式(LMI)的抗饱和补偿器，保证了受限控制系统的稳定。文献[106-108]利用预测控制固有的优点将控制器的输入饱和问题视为系统待优化目标函数的约束条件，进行控制量的求解。

以上文章在解决输入受限的控制系统设计问题上均取得了一定的

成绩,但是存在一定的局限性。文献[99-104]均是采用饱和补偿方法来解决输入受限问题。文献[99-104]不能够解决含有未知函数系统的控制问题。文献[103]设计的模糊反步控制器虽然减少了在线辨识参数的数目,但是建立模糊系统时除了系统状态外,将参考控制指令的各阶导数也作为模糊系统输入变量,使得模糊系统输入变量的数目变得很大,也即是增加了计算量(随着阶数的增加呈指数增长),增加计算负担,不利于实际工程的实现。LMI 和预测控制属于抗饱和方法中的直接设计法[108],这类方法比较有效,甚至能够实现"卡边运行",但是这类方法最大的问题在于算法比较复杂,对计算机处理速度要求较高。

本章将针对不满足匹配条件的高超声速飞行器攻角控制问题,将 Backstepping 法与 DSC 相结合,运用模糊系统在线逼近系统中未知的不确定函数,同时针对控制器有可能出现的饱和受限问题,利用具有光滑特性的双曲正切函数对饱和受限函数进行处理,并引入 Nussbaum 函数[109]补偿由输入受限而引起的非线性项。

4.2 控制增益方向已知时输入受限的自适应模糊反步控制

4.2.1 问题描述

考虑如下一类 SISO 非线性系统:

$$\begin{cases}\dot{x}_i(t)=f_i(\boldsymbol{x}_i(t))+g_i(\boldsymbol{x}_i(t))x_{i+1}(t)+d_i(t)\\ \dot{x}_n(t)=f_n(\boldsymbol{x}_n(t))+g_n(\boldsymbol{x}_n(t))u(v(t))+d_n(t)\\ y(t)=x_1(t)\end{cases}\tag{4.1}$$

式中:$\boldsymbol{x}_i(t)=[x_1(t),\cdots,x_i(t)]^{\mathrm{T}}\in\mathbf{R}^i$ 为系统状态变量;$y\in\mathbf{R}$ 为系统输出变量;函数 $f_i(\cdot)$ 和 $g_i(\cdot)$ 为未知的光滑非线性函数;$v(t)$ 为所设计的控制器输入变量;$d_i(t)$ 为系统自身参数的不确定性和外界作用而产生的复合干扰;$u(v(t))$ 为具有饱和约束的输出控制量,其表达形式如下:

$$u(v(t))=sat(v(t))=\begin{cases}\mathrm{sign}(v(t))u_M, & |v(t)|\geqslant u_M\\ v(t), & |v(t)|<u_M\end{cases}\tag{4.2}$$

式中：u_M 为控制器的界限值。

利用双曲正切函数对饱和函数的近似作用，定义光滑函数 $h(v(t))$ 如下（下文中 $v(t)$ 记为 v，其余变量作类似处理）：

$$h(v) = u_M \times \tanh\left(\frac{v}{u_M}\right) = u_M \frac{e^{v/u_M} - e^{-v/u_M}}{e^{v/u_M} + e^{-v/u_M}} \tag{4.3}$$

则饱和函数可以表示为

$$u(v) = h(v) + d(v) \tag{4.4}$$

式中：$d(v) = sat(v) - h(v)$ 为有界函数，其界限值表示为

$$|d(v)| = |sat(v) - h(v)| \leqslant u_M(1 - \tanh(1)) = D \tag{4.5}$$

本节控制目的是使系统输出 y 能够跟踪系统参考输入信号 y_r。在控制器设计之初引入以下假设：

假设 4.1[112]：参考输入信号 y_r 足够光滑，其一阶和二阶导数存在且有界，即存在已知正常数 $c_m \in \mathbf{R}$，使得

$$\|[y_r \quad \dot{y}_r \quad \ddot{y}_r]\| \leqslant c_m$$

式中：$\|\cdot\|$ 表示矩阵或向量的 2-范数。

假设 4.2：系统受到的复合干扰 d_i 未知但有界，即 $|d_i| < c_i$ 且 c_i 未知。

假设 4.3：增益函数 $g_i(\cdot)$ 的符号已知。不失一般性，假设为正。

根据光滑函数性质，必存在 $\bar{g}_{i1}, \bar{g}_{i2} \geqslant 0$，使得 $\bar{g}_{i1} \leqslant g_i(\cdot) \leqslant \bar{g}_{i2}$ 成立。

假设 4.4：存在常数 $g_{id} > 0$，使得 $|\dot{g}_i(\cdot)| \leqslant g_{id}$ 成立，常数 g_{id} 可未知。

根据式(4.4)，系统等效为如下形式：

$$\begin{cases} \dot{x}_i = f_i + g_i x_{i+1} + d_1 \\ \dot{x}_n = f_n + g_n h(v) + \bar{d} \\ y = x_1 \end{cases} \tag{4.6}$$

式中：$\bar{d} = g_n d_1(v) + d_2$ 为系统组合干扰。

4.2.2 控制器设计

下面将结合 Backstepping 法和 DSC 对系统受限控制器进行设计。

Step 1：定义：$z_1 = x_1 - y_r$

则 z_1 关于时间 t 的导数为

$$\dot{z}_1 = \dot{x}_1 - \dot{y}_r = f_1 + g_1 x_2 + d_1 - \dot{y}_r \tag{4.7}$$

将变量 x_2 作为 z_1-子系统的虚拟控制输入，选取理想虚拟控制量 $\bar{\alpha}_1^* = -c_1 z_1 - g_1^{-1}(f_1 + d_1) + g_1^{-1}\dot{y}_r\ (c_1 > 0)$，作 Lyapunov 函数 $V_{z_1} = \dfrac{z_1^2}{2}$，则有

$$\dot{V}_{z_1} = z_1\dot{z}_1 = z_1[f_1 + g_1\bar{\alpha}_1^* - \dot{y}_r] = -c_1 g_1 z_1^2 \tag{4.8}$$

根据假设4.3可知，选取理想的虚拟控制量 $\bar{\alpha}_1^*$，能够使得 z_1-子系统保持渐进稳定，由于函数 f_1 和 g_1 未知，故采用模糊系统在线逼近函数 $g_1^{-1}(f_1 + d_1)$ 和 $g_1^{-1}\dot{y}_r$。构造如下模糊系统：

$$g_1^{-1}(f_1 + d_1) = \boldsymbol{\theta}_1^{*\mathrm{T}}\xi_1(x_1) + \varepsilon_{11}(x_1) \tag{4.9}$$

$$g_1^{-1}\dot{y}_r = \boldsymbol{\sigma}_1^{*\mathrm{T}}\psi_1(x_1) + \varepsilon_{12}(\boldsymbol{X}_1) \tag{4.10}$$

式中：$\boldsymbol{X}_1 = [x_1, \dot{y}_r]^{\mathrm{T}}$；$|\varepsilon_{11}(x_1)| \leqslant \varepsilon_{11}^*$；$|\varepsilon_{12}(x_1)| \leqslant \varepsilon_{12}^*$；$\varepsilon_{11}^*$ 和 ε_{12}^* 均为未知的有界常数。

根据上述模糊系统的建立，z_1-子系统的虚拟输入为

$$\bar{\alpha}_1 = -c_1 z_1 - \boldsymbol{\theta}_1^{\mathrm{T}}\xi_1(x_1) + \boldsymbol{\sigma}_1^{\mathrm{T}}\psi_1(\boldsymbol{X}_1) \tag{4.11}$$

式中：$\boldsymbol{\theta}_1$ 和 $\boldsymbol{\sigma}_1$ 分别为上述建立模糊系统的在线估计参数。

为避免参数反复求导，根据动态面法[67]，使 $\bar{\alpha}_1$ 通过如下所示的一阶滤波器。

$$\boldsymbol{\tau}_1\dot{\alpha}_1 + \alpha_1 = \bar{\alpha}_1,\ \alpha_1(0) = \bar{\alpha}_1(0)$$

式中：$\boldsymbol{\tau}_1$ 为一阶滤波器时间常数。

采用投影法[78]，选取参数的自适应律为

$$\dot{\boldsymbol{\theta}}_1 = proj(r_{11}z_1\xi_1) = \begin{cases} r_{11}z_1\xi_1,\ \|\boldsymbol{\theta}_1\| < M_1 \text{ 或} \\ (\|\boldsymbol{\theta}_1\| = M_1) \cap (r_{11}z_1\boldsymbol{\theta}_1^{\mathrm{T}}\xi_1 > 0) \\ r_{11}z_1\left(\xi_1 - \dfrac{\widetilde{\boldsymbol{\theta}}_1^{\mathrm{T}}\boldsymbol{\theta}_1\boldsymbol{\theta}_1^{\mathrm{T}}}{\|\boldsymbol{\theta}_1\|^2}\xi_1\right),\text{其他} \end{cases} \tag{4.12}$$

$$\dot{\sigma}_1 = \mathrm{proj}(-r_{12}z_1\psi_1) = \begin{cases} -r_{12}z_1\psi_1, \|\sigma_1\| < N_1 \text{ 或} \\ (\|\sigma_1\| = N_1) \cap (r_{12}z_1\sigma_1^{\mathrm{T}}\psi_1 < 0) \\ -r_{12}z_1\left(\psi_1 - \dfrac{\widetilde{\sigma}_1^{\mathrm{T}}\sigma_1\sigma_1^{\mathrm{T}}}{\|\sigma_1\|^2}\psi_1\right), \text{其他} \end{cases} \tag{4.13}$$

式中：M_1、N_1 为设定的最大值。

Step i $(2 \leqslant i \leqslant n-1)$：定义

$$z_i = x_i - \alpha_{i-1} \tag{4.14}$$

$$z_{i+1} = x_{i+1} - \alpha_i \tag{4.15}$$

选取理想的虚拟控制量：

$$\bar{\alpha}_i^* = -c_iz_i - z_{i-1} - g_i^{-1}(f_i + d_i) + g_i^{-1}\dot{\alpha}_{i-1} \tag{4.16}$$

采用模糊系统在线逼近函数 $g_i^{-1}(f_i + d_i)$ 和 $g_i^{-1}\dot{\alpha}_{i-1}$。构造如下模糊系统：

$$g_i^{-1}(f_i + d_i) = \boldsymbol{\theta}_i^{*\mathrm{T}}\xi_i(\boldsymbol{x}_i) + \varepsilon_{i1}(\boldsymbol{x}_i) \tag{4.17}$$

$$g_i^{-1}\dot{\alpha}_{i-1} = \boldsymbol{\sigma}_i^{*\mathrm{T}}\psi_i(\boldsymbol{X}_i) + \varepsilon_{i2}(\boldsymbol{X}_i) \tag{4.18}$$

式中：$\boldsymbol{X}_1 = [x_1, \cdots, x_i, \dot{\alpha}_{i-1}]^{\mathrm{T}}$；$|\varepsilon_{i1}(\boldsymbol{x}_i)| \leqslant \varepsilon_{i1}^*$；$|\varepsilon_{i2}(\boldsymbol{X}_i)| \leqslant \varepsilon_{i2}^*$；$\varepsilon_{i1}^*$ 和 ε_{i2}^* 均为未知的有界常数。

选取虚拟控制变量 $\bar{\alpha}_i$ 为：

$$\bar{\alpha}_i = -c_iz_i - z_{i-1} - \boldsymbol{\theta}_i^{\mathrm{T}}\xi_i(\boldsymbol{x}_i) + \boldsymbol{\sigma}_i^{\mathrm{T}}\psi_i(\boldsymbol{X}_i) \tag{4.19}$$

虚拟控制变量 $\bar{\alpha}_i$ 通过如下的一阶滤波器：

$$\tau_i\dot{\alpha}_i + \alpha_i = \bar{\alpha}_i, \quad \alpha_i(0) = \bar{\alpha}_i(0)$$

选取如下所示的参数自适应律：

$$\begin{cases} \dot{\boldsymbol{\theta}}_i = \mathrm{proj}(r_{i1}z_i\xi_i) \\ \dot{\boldsymbol{\sigma}}_i = \mathrm{proj}(-r_{i2}z_i\psi_i) \end{cases} \tag{4.20}$$

Step n：定义

$$z_n = x_n - \alpha_{n-1} \tag{4.21}$$

$$z_{n+1} = h(v) - \alpha_n \tag{4.22}$$

选取理想的虚拟控制变量：

$$\bar{\alpha}_n^* = -c_n z_n - z_{n-1} - g_n^{-1}(f_n + d) + (g_n^{-1}\dot{\alpha}_{n-1}) \tag{4.23}$$

采用模糊系统在线逼近函数 $g_n^{-1}(f_n + d)$ 和 $g_n^{-1}\dot{\alpha}_{n-1}$。构造如下模糊系统：

$$g_n^{-1}(f_n + d) = \boldsymbol{\theta}_n^{*\mathrm{T}}\xi_n(\boldsymbol{x}_n) + \varepsilon_{n1}(\boldsymbol{x}_n) \tag{4.24}$$

$$g_n^{-1}\dot{\alpha}_{n-1} = \boldsymbol{\sigma}_n^{*\mathrm{T}}\psi_n(\boldsymbol{X}_n) + \varepsilon_{n2}(\boldsymbol{X}_n) \tag{4.25}$$

式中：$\boldsymbol{X}_n = [x_1, \cdots, x_n, \dot{\alpha}_{n-1}]^{\mathrm{T}}$；$|\varepsilon_{n1}(\boldsymbol{x}_n)| \leqslant \varepsilon_{n1}^*$；$|\varepsilon_{n2}(\boldsymbol{X}_n)| \leqslant \varepsilon_{n2}^*$；$\varepsilon_{n1}^*$ 和 ε_{n2}^* 均为未知的有界常数。

则虚拟控制变量 $\bar{\alpha}_n$ 可表示为

$$\bar{\alpha}_n = -c_n z_n - z_{n-1} - \boldsymbol{\theta}_n^{\mathrm{T}}\xi_n(\boldsymbol{x}_n) + \boldsymbol{\sigma}_n^{\mathrm{T}}\psi_n(\boldsymbol{X}_n) \tag{4.26}$$

虚拟控制变量 $\bar{\alpha}_n$ 通过如下所示的一阶滤波器：

$$\tau_n\dot{\alpha}_n + \alpha_n = \bar{\alpha}_n, \quad \alpha_n(0) = \bar{\alpha}_n(0)$$

选取如下所示的参数自适应律：

$$\begin{cases} \dot{\boldsymbol{\theta}}_n = \mathrm{proj}(r_{n1}z_n\xi_n) \\ \dot{\boldsymbol{\sigma}}_n = \mathrm{proj}(-r_{n2}z_n\boldsymbol{\psi}_n) \end{cases} \tag{4.27}$$

Step $n+1$：

定义 4.1：如果连续函数 $N(s)$ 满足如下性质[111]：

$$\lim_{k\to\pm\infty}\sup\frac{1}{k}\int_0^k N(s)\,\mathrm{d}s = \infty, \quad \lim_{k\to\pm\infty}\inf\frac{1}{k}\int_0^k N(s)\,\mathrm{d}s = -\infty$$

则 $N(s)$ 为 Nussbaum 函数。

定义：

$$\dot{v} = -cv + w \tag{4.28}$$

$$w = N(\chi)\bar{w} \tag{4.29}$$

$$\bar{w} = -c_{n+1}z_{n+1} - z_n + \zeta cv + \dot{\alpha}_n \tag{4.30}$$

$$\dot{\chi} = \gamma_\chi \bar{w} z_{n+1} \tag{4.31}$$

式中：$c > 0$, $\gamma_\chi > 0$, $c_{n+1} > 0$ 为设计参数；$N(\chi)$ 为 Nussbaum 增益函数，取 $N(\chi) = \chi^2\cos(\chi)$；$\zeta = \dfrac{\partial h(v)}{\partial v} = \dfrac{4}{(\mathrm{e}^{v/u_M} + \mathrm{e}^{-v/u_M})^2} > 0$。

4.2.3 稳定性分析

根据式(4.9)~式(4.11)，z_1 关于时间 t 的导数为

$$\begin{aligned}\dot{z}_1 &= g_1[g_1^{-1}(f_1+d_1)+x_2-g_1^{-1}\dot{y}_r]\\ &= g_1[\boldsymbol{\theta}_1^{*\mathrm{T}}\xi_1(x_1)+z_2+\bar{\alpha}_1+\kappa_1-\boldsymbol{\sigma}_1^{*\mathrm{T}}\psi(\boldsymbol{X}_1)+\varepsilon_1]\\ &= g_1[-c_1z_1+z_2-\tilde{\boldsymbol{\theta}}_1^{\mathrm{T}}\xi_1(x_1)+\tilde{\boldsymbol{\sigma}}_1^{\mathrm{T}}\psi(\boldsymbol{X}_1)+\kappa_1+\varepsilon_1]\end{aligned} \tag{4.32}$$

式中：$\tilde{\boldsymbol{\theta}}_1$ 和 $\tilde{\boldsymbol{\sigma}}_1$ 为参数的估计误差；$\varepsilon_1=\varepsilon_{11}-\varepsilon_{12}$ 为建立模糊系统时产生的复合逼近误差。

定义：

$$z_2 = x_2-\alpha_1 \tag{4.33}$$

$$\kappa_1=\alpha_1-\bar{\alpha}_1 \tag{4.34}$$

根据式(4.34)，κ_1 关于时间 t 的导数为

$$\dot{\kappa}_1=\dot{\alpha}_1-\dot{\bar{\alpha}}_1=-\frac{\kappa_1}{\tau_1}-\dot{\bar{\alpha}} \tag{4.35}$$

由文献[104]可知，存在某一区间的连续函数 $N_1(\cdot)$，使得

$$-\dot{\bar{\alpha}}_1\leqslant N_1(\cdot) \tag{4.36}$$

同时根据连续函数的性质，在有限区间内函数 $N_1(\cdot)$ 存在最大值 $\bar{N}_1$，即 $-\dot{\bar{\alpha}}_1\leqslant\bar{N}_1$。

构造 Lyapunov 函数为

$$V_1=\frac{z_1^2}{2g_1}+\frac{\kappa_1^2}{2}+\frac{1}{2r_{11}}\tilde{\boldsymbol{\theta}}_1^{\mathrm{T}}\tilde{\boldsymbol{\theta}}_1+\frac{1}{2r_{12}}\tilde{\boldsymbol{\sigma}}_1^{\mathrm{T}}\tilde{\boldsymbol{\sigma}}_1 \tag{4.37}$$

式中 $r_{11},r_{12}>0$ 为常数。V_1 关于时间 t 的导数为

$$\dot{V}_1=\frac{z_1\dot{z}_1}{g_1}-\frac{\dot{g}_1}{2g_1^2}z_1^2+\kappa_1\dot{\kappa}_1+\frac{1}{r_{11}}\tilde{\boldsymbol{\theta}}_1^{\mathrm{T}}\dot{\boldsymbol{\theta}}_1+\frac{1}{r_{12}}\tilde{\boldsymbol{\sigma}}_1^{\mathrm{T}}\dot{\boldsymbol{\sigma}}_1 \tag{4.38}$$

将式(4.32)代入式(4.38)，得

$$\begin{aligned}\dot{V}_1 &= z_1[-c_1z_1+z_2-\tilde{\boldsymbol{\theta}}_1^{\mathrm{T}}\xi_1(x_1)+\tilde{\boldsymbol{\sigma}}_1^{\mathrm{T}}\boldsymbol{\psi}(\boldsymbol{X}_1)+\kappa_1+\varepsilon_1]-\frac{\dot{g}_1}{2g_1^2}z_1^2\\ &\quad+\kappa_1\dot{\kappa}_1+\frac{1}{r_{11}}\tilde{\boldsymbol{\theta}}_1^{\mathrm{T}}\dot{\boldsymbol{\theta}}_1+\frac{1}{r_{12}}\tilde{\boldsymbol{\sigma}}_1^{\mathrm{T}}\dot{\boldsymbol{\sigma}}_1\leqslant-c_1z_1^2+z_1z_2+z_1\kappa_1+z_1\varepsilon_1\end{aligned}$$

$$-\frac{\dot{g}_1}{2g_1^2}z_1^2-\frac{\kappa_1^2}{\tau_1}+\bar{N}_1\kappa_1+\frac{1}{r_{11}}\tilde{\boldsymbol{\theta}}_1^{\mathrm{T}}(\dot{\boldsymbol{\theta}}_1-r_{11}z_1\xi_1)+$$

$$\frac{1}{r_{12}}\tilde{\boldsymbol{\sigma}}_1^{\mathrm{T}}(\dot{\boldsymbol{\sigma}}_1+r_{12}z_1\boldsymbol{\psi}_1) \tag{4.39}$$

根据自适应律(4.12)和(4.13),根据文献[78]可知,采用投影法选取的参数自适应律能够使得估计参数$\boldsymbol{\theta}_1$、$\boldsymbol{\sigma}_1$分别满足$\|\boldsymbol{\theta}_1\|\leqslant M_1$, $\|\boldsymbol{\sigma}_1\|\leqslant N_1$,并且下列不等式成立:

$$\tilde{\boldsymbol{\theta}}_1^{\mathrm{T}}(\dot{\boldsymbol{\theta}}_1-r_{11}z_1\xi_1)\leqslant 0 \tag{4.40}$$

$$\tilde{\boldsymbol{\sigma}}_1^{\mathrm{T}}(\dot{\boldsymbol{\sigma}}_1+r_{12}z_1\psi_1)\leqslant 0 \tag{4.41}$$

根据 Young 不等式,则式(4.39)可变为

$$\begin{aligned}\dot{V}_1&\leqslant -c_1z_1^2+z_1z_2+z_1\kappa_1+z_1\varepsilon_1-\frac{\dot{g}_1}{2g_1^2}z_1^2-\frac{\kappa_1^2}{\tau_1}+\bar{N}_1\kappa_1\\&\leqslant -c_1z_1^2+z_1z_2+z_1^2+\frac{\varepsilon_1^2}{2}-k_1z_1^2-\frac{\kappa_1^2}{\tau_1}+\frac{(\bar{N}_1)^2}{2}+\kappa_1^2\\&=-(c_1+k_1-1)z_1^2+z_1z_2-\left(\frac{1}{\tau_1}-1\right)\kappa_1^2+\frac{(\bar{N}_1)^2}{2}+\frac{\varepsilon_1^2}{2}\end{aligned} \tag{4.42}$$

式中:$k_1=\min\left(\frac{\dot{g}_1}{2g_1^2}\right)$

变量$z_i(2\leqslant i\leqslant n)$的动态特性表示如下:

$$\begin{aligned}\dot{z}_i&=\dot{x}_i-\dot{\alpha}_{i-1}=g_i[g_i^{-1}(f_i+d_i)+x_{i+1}]-\dot{\alpha}_{i-1}\\&=g_i(-c_iz_i-z_{i-1}+z_{i+1}-\tilde{\boldsymbol{\theta}}_i^{\mathrm{T}}\xi_i+\tilde{\boldsymbol{\sigma}}_i^{\mathrm{T}}\psi_i+\kappa_i+\varepsilon_i)\end{aligned} \tag{4.43}$$

式中:$x_{n+1}=h(v)$。

同理设计 Lyapunov 函数$V_i(2\leqslant i\leqslant n)$为

$$V_i=\frac{z_i^2}{2g_i}+\frac{\kappa_i^2}{2}+\frac{1}{2r_{i1}}\tilde{\boldsymbol{\theta}}_i^{\mathrm{T}}\tilde{\boldsymbol{\theta}}_i+\frac{1}{2r_{i2}}\tilde{\boldsymbol{\sigma}}_i^{\mathrm{T}}\tilde{\boldsymbol{\sigma}}_i \tag{4.44}$$

式中:$r_{i1},r_{i2}>0$。则V_i关于时间t的导数为

$$\begin{aligned}\dot{V}_i &= \frac{z_i\dot{z}_i}{g_i} - \frac{\dot{g}_i}{2g_i^2}z_i^2 + \boldsymbol{\kappa}_i\dot{\boldsymbol{\kappa}}_i + \frac{1}{2r_{i1}}\widetilde{\boldsymbol{\theta}}_i^{\mathrm{T}}\dot{\boldsymbol{\theta}}_i + \frac{1}{2r_{i2}}\widetilde{\boldsymbol{\sigma}}_i^{\mathrm{T}}\dot{\boldsymbol{\sigma}}_i \\ &= z_i(-c_iz_i - z_{i-1} + z_{i+1} - \widetilde{\boldsymbol{\theta}}_i^{\mathrm{T}}\xi_i + \widetilde{\boldsymbol{\sigma}}_i^{\mathrm{T}}\psi_i + \boldsymbol{\kappa}_i + \boldsymbol{\varepsilon}_i) - \frac{\dot{g}_i}{2g_i^2}z_i^2 + \boldsymbol{\kappa}_i\dot{\boldsymbol{\kappa}}_i \\ &\quad + \frac{1}{2r_{i1}}\widetilde{\boldsymbol{\theta}}_i^{\mathrm{T}}\dot{\boldsymbol{\theta}}_i + \frac{1}{2r_{i2}}\widetilde{\boldsymbol{\sigma}}_i^{\mathrm{T}}\dot{\boldsymbol{\sigma}}_i \\ &\leqslant -c_iz_i^2 + z_iz_{i+1} + z_i\boldsymbol{\kappa}_i + z_i\boldsymbol{\varepsilon}_i - \frac{\dot{g}_i}{2g_i^2}z_i^2 - \frac{\boldsymbol{\kappa}_i^2}{\boldsymbol{\tau}_i} + \overline{N}_i\boldsymbol{\kappa}_i \\ &\quad + \frac{1}{r_{i1}}\widetilde{\boldsymbol{\theta}}_i^{\mathrm{T}}(\dot{\boldsymbol{\theta}}_i - r_{i1}z_i\xi_i) + \frac{1}{r_{i2}}\widetilde{\boldsymbol{\sigma}}_i^{\mathrm{T}}(\dot{\boldsymbol{\sigma}}_i + r_{i2}z_i\psi_i)\end{aligned} \tag{4.45}$$

同理根据参数自适应律(4.20)、(4.27)和 Young 不等式,式(4.45)可变换为

$$\dot{V}_i \leqslant -(c_i + k_i - 1)z_i^2 - z_iz_{i-1} + z_iz_{i+1} + \frac{\boldsymbol{\varepsilon}_i^2}{2} - \left(\frac{1}{\boldsymbol{\tau}_i} - 1\right)\boldsymbol{\kappa}_i^2 + \frac{(\overline{N}_i)^2}{2} \tag{4.46}$$

式中:$k_i = \min\left(\frac{\dot{g}_i}{2g_i^2}\right)$。

引入的辅助变量 z_{n+1} 关于时间 t 的导数为

$$\begin{aligned}\dot{z}_{n+1} &= \frac{\partial h(v)}{\partial v}\dot{v} - \dot{\alpha}_n = -\zeta cv + (\zeta N(\chi) - 1)\overline{w} - \dot{\alpha}_n + \overline{w} = -c_{n+1}z_{n+1} \\ &\quad - z_n + (\zeta N(\chi) - 1)\overline{w}\end{aligned} \tag{4.47}$$

选择 Lyapunov 函数 V_{n+1} 如下:

$$V_{n+1} = \frac{z_{n+1}^2}{2} \tag{4.48}$$

则 V_{n+1} 关于时间 t 的导数为

$$\dot{V}_{n+1} = z_{n+1}\dot{z}_{n+1} = -c_{n+1}z_{n+1}^2 - z_nz_{n+1} + \frac{1}{\gamma_\chi}(\zeta N(\chi) - 1)\dot{\chi} \tag{4.49}$$

考虑到闭环系统所有信号的有界性,选择如下所示的 Lyapunov 函

数 V_{sum} ：

$$V_{\text{sum}} = \sum_{i=1}^{n} V_i = \sum_{i=1}^{n+1} \frac{z_i^2}{2} + \sum_{i=1}^{n} \frac{\kappa_i^2}{2} + \widetilde{\boldsymbol{\Theta}}^{\mathrm{T}} \boldsymbol{\Lambda}_1 \widetilde{\boldsymbol{\Theta}} + \widetilde{\boldsymbol{\Xi}}^{\mathrm{T}} \boldsymbol{\Lambda}_2 \widetilde{\boldsymbol{\Xi}} \tag{4.50}$$

式中：$\widetilde{\boldsymbol{\Theta}} = [\tilde{\theta}_1^{\mathrm{T}}, \cdots, \tilde{\theta}_n^{\mathrm{T}}]^{\mathrm{T}}$；$\boldsymbol{\Lambda}_1 = \mathrm{diag}[1/2r_{11}, \cdots, 1/2r_{n1}]$；$\widetilde{\boldsymbol{\Xi}} = [\tilde{\sigma}_1^{\mathrm{T}}, \cdots, \tilde{\sigma}_n^{\mathrm{T}}]^{\mathrm{T}}$；$\boldsymbol{\Lambda}_2 = \mathrm{diag}[1/2r_{12}, \cdots, 1/2r_{n2}]$。

根据式(4.42)、式(4.46)和式(4.49)，函数 V_{sum} 关于时间 t 的导数为

$$\begin{aligned} \dot{V}_{\text{sum}} &\leqslant -\sum_{i=1}^{n} (c_i - k_i - 1) z_i^2 - c_{n+1} z_{n+1}^2 - \sum_{i=1}^{2} \left(\frac{1}{\tau_i} - 1 \right) \kappa_i^2 \\ &\quad + \sum_{i=1}^{n} \frac{(\bar{N}_i)^2}{2} + \sum_{i=1}^{n} \frac{\varepsilon_i^2}{2} + \frac{1}{\gamma_\chi} (\zeta N(\chi) - 1) \dot{\chi} \\ &\leqslant -CV_{\text{sum}} + M + \frac{1}{\gamma_\chi} (\zeta N(\chi) - 1) \dot{\chi} \end{aligned} \tag{4.51}$$

式中 $C = \min\left(2c_i - 2k_i - 2, 2c_{n+1}, \dfrac{2}{\tau_i} - 2\right) > 0 (i = 1, \cdots, n)$；$M = \sum_{i=1}^{n} \dfrac{(\bar{N}_i)^2}{2} + \sum_{i=1}^{n} \dfrac{\kappa_i^2}{2} > 0$。

对式(4.51)积分，得

$$V_{\text{sum}} \leqslant V_{\text{sum}}(0) \mathrm{e}^{-Ct} + \frac{M}{C} (1 - \mathrm{e}^{-Ct}) + \frac{\mathrm{e}^{-Ct}}{\gamma_\chi} \int_0^t (\zeta N(\chi) \dot{\chi} - \dot{\chi}) \mathrm{e}^{C\tau} \mathrm{d}\tau \tag{4.52}$$

引理 4.1[109]：$V(\cdot)$ 和 $\chi(\cdot)$ 均为定义在 $[0, t_f)$ 上的光滑函数，且 $\forall t \in [0, t_f)$，$V(t) \geqslant 0$，$N(\chi)$ 为 Nussbaum 增益函数。如果如式(4.52)所示不等式成立，则函数 $V(\cdot)$ 和 $\chi(\cdot)$ 在 $[0, t_f)$ 必有界。

根据式(4.52)和引理 4.1 可得 V_{sum} 和 χ 有界，且闭环系统的跟踪误差满足如下所示的不等式：

$$\frac{1}{2} \| e \|^2 = \frac{1}{2} \| z_1 \|^2 \leqslant V_{\text{sum}} \tag{4.53}$$

$$\| e \| \leqslant \sqrt{2V_{\text{sum}}} \tag{4.54}$$

即调整设计参数可以使跟踪误差收敛至原点的很小邻域内。

根据以上推导论证,可以得到以下定理:

定理 4.1:对于满足假设 4.1~4.4 具有参数不确定和外界随机干扰的非线性系统(4.1),设计如式(4.28)所示的控制器和如式(4.12)和式(4.13)所示的参数自适应律,能够使闭环系统的所有信号半全局一致有界(SGUUB);并且选择合适的设计参数能够使系统跟踪误差收敛到原点的一个很小的邻域内。

定理 4.2:对于系统(4.1)中,在增益函数已知的情况下,在设计虚拟控制变量时,函数 $g_i^{-1}\dot{\alpha}_{i-1}(\dot{\alpha}_0=\dot{y}_r)$ 可直接带入,定理 4.1 依然成立。

4.2.4 仿真分析

本节以高超声速飞行器在速度 $V=15060\text{ft/s}$,高度 $h=110000\text{ft}$ 的飞行条件下攻角跟踪控制为对象,仿真环境同 3.3 节。

首先建立简化的纵向特性方程:

$$\begin{cases}\dot{\alpha}=q-\dfrac{1}{mV}(L+T\sin(\alpha))+\dfrac{(\mu-V^2r)\cos\gamma}{Vr^2}\\[2ex] \dot{q}=\dfrac{M_{yy}}{I_{yy}}\end{cases} \tag{4.55}$$

式中:α、q、γ 分别表示为高超声速飞行器的攻角,俯仰角和航迹倾角;m、V 分别表示为质量和飞行速度;μ 为引力常量;L、T、M_{yy} 分别表示为升力、推力和俯仰力矩,其计算表达形式如下:

$$\begin{cases}L=0.5\rho V^2SC_L\\ T=0.5\rho V^2SC_D\\ M_{yy}=0.5\rho V^2S\bar{c}[C_M(\alpha)+C_M(\delta_e)+C_M(q)]\end{cases} \tag{4.56}$$

式中的气动参数的具体表达形式及参数的不确定度详见文献[76]。

将航迹倾角所在项视为子系统的不确定因素,同时由于高超声速飞行器的舵面有一定的偏转范围,还会受到外界干扰力矩的影响,故将式(4.55)转化为如下形式:

$$\begin{cases}\dot{x}_1=f_1+g_1x_1+d_1\\ \dot{x}_2=f_2+g_2h(v)+d\end{cases} \tag{4.57}$$

式中：$\boldsymbol{x} = [\alpha \quad q]^{\mathrm{T}}$；参考文献[104]，考虑外界未知干扰的存在，令 $f_1 = -\frac{1}{mV}(L + T\sin(\alpha) - mg)$；$g_1 = 1$；$f_2 = \frac{1}{2I_{yy}}\rho V^2 S\bar{c}[C_M(\alpha) + C_M(q)]$；$g_2 = \frac{c_e}{2I_{yy}}\rho V^2 S\bar{c}$；$d$ 为系统受到的组合干扰，g 表示为重力加速度。

其中控制参数为 $c_1 = 13$，$c_2 = 18$，$c_3 = 7$，$c = 6$，$\gamma_\chi = 0.008$，$\tau_1 = 0.015$，$\tau_2 = 0.045$，$\chi(0) = 0.4$。

选择如下所示的模糊基函数[111, 113]

$$\mu_{F_1^l}(\alpha, \dot{y}_r) = \exp(-(\alpha + 0.1849 - 0.1675 \times l)^2/0.03) \times \exp(-(\dot{y}_r + 0.56 - 0.16 \times l)^2/0.02)$$

$$\mu_{F_2^l}(\alpha, q) = \exp(-(\alpha + 0.1849 - 0.1675 \times l)^2/0.03) \times \exp(-(q + 0.6541 - 0.1308 \times l)^2/0.04)$$

如果 $\dot{\alpha}_1 < -15$，则 $\mu_{F_3^1} = 1$；如果 $\dot{\alpha}_1 > 15$，则 $\mu_{F_3^6} = 1$；其余情况下：

$$\mu_{F_3^l} = \exp(-(\dot{\alpha}_1 + 21 - 6 \times l)^2/30), l = 1,2,\cdots,6$$

舵偏角的偏转范围为±20°[104]，俯仰轴上受到的谐波干扰力矩大小为 $2\times10^6\sin(2t)$。

文献[104]中的算法(记为方法 1)在仅考虑俯仰轴上存在干扰力矩时，表现出了很强的鲁棒性能。本书充分考虑了气动等参数的不确定性，为了验证这里所提算法(记为方法 2)的有效性，将于方法 1 进行对比试验。同时为减轻阶跃信号对控制器的冲击，对阶跃信号指令进行平滑，下面的章节作同样处理。

图 4.1 和图 4.2 分别表示系统在控制信号的作用下，对给定的参考指令信号的跟踪响应曲线和跟踪误差曲线。相比于方法 1，本节中所提出的方法 2 更能够实现对指令信号的跟踪，且跟踪误差保持在很小的范围内。图 4.3 表示系统的输入响应曲线。图中显示虽然在被控对象状态发生较大变化时，控制器输入信号超出饱和值，但是控制器信号依然能够保持在约束范围内。这充分说明本文设计方法在满足输入受限的前提下，具有很强的鲁棒性能。

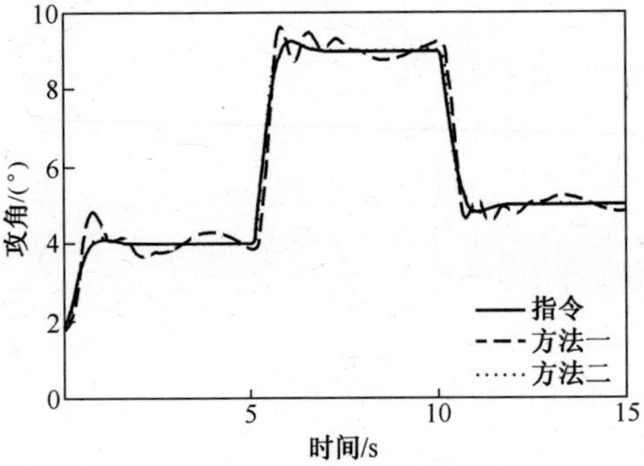

图 4.1　攻角跟踪

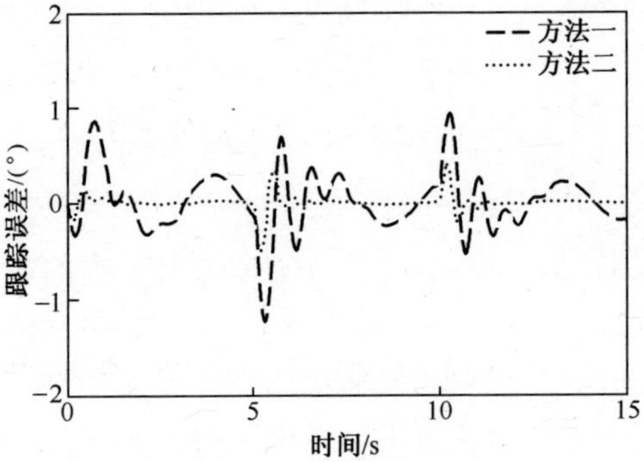

图 4.2　攻角跟踪误差

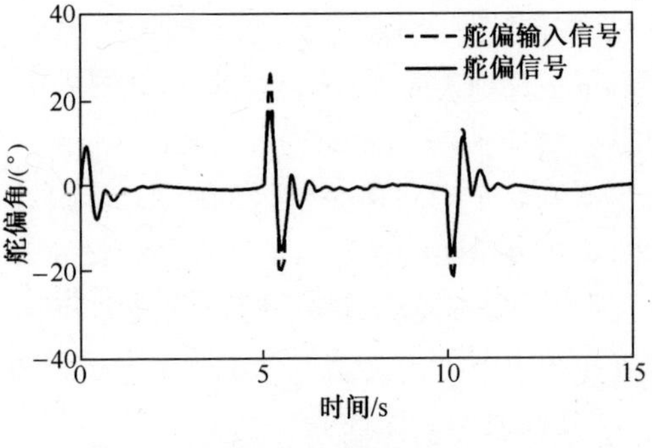

图 4.3　控制输入

4.3 控制增益方向未知时输入受限的自适应模糊反步控制

在4.2节中从对比试验的仿真结果来看,控制系统具有很强的鲁棒性能,但是该算法在控制器的设计过程当中是建立在控制增益方向已知的情况下,并且在控制器的设计过程当中需要已知增益函数及其导数的部分信息,这就限定了该种算法的应用范围。本节将针对控制增益方向未知情况下的输入受限控制系统进行研究。

4.3.1 系统描述

根据式(4.1),系统等效为如下形式:

$$\begin{cases}\dot{x}_i = f_i'(\boldsymbol{x}_i, x_{i+1,f}) + x_{i+1} + \Delta f_i \\ \dot{x}_n = f_n'(\boldsymbol{x}_n, u_f) + h(v) + \bar{d} + \Delta f_n \\ y = x_1\end{cases} \tag{4.58}$$

式中:函数 $f_i'(\boldsymbol{x}_i, x_{i+1,f}) = f_i(\boldsymbol{x}_i) + (g_i - 1)\boldsymbol{x}_{i+1,f}$;变量 $\Delta f_i = f_i'(\boldsymbol{x}_i, x_{i+1}) - f_i'(\boldsymbol{x}_i, x_{i+1,f})$;变量 $x_{i,f}$ 和 u_f 是为防止系统出现代数环问题而引入的滤波值,具体表示如下:

$$x_{i,f} = H_L(s)x_i, \quad u_f = H_L(s)h(v) \tag{4.59}$$

式中:$H_L(s)$ 为 Butterworth 低通滤波器(Low Pass Filter,LPF)。

假设 4.5[114]:函数 $f_i'(\cdot)$ 满足全局 Lipschitz 条件,即存在一系列的已知正整数 m_i,对于变量 $\boldsymbol{X}_1, \boldsymbol{X}_2 \in \mathbf{R}^n$,使得如下所示的不等式成立:

$$|f_i'(\boldsymbol{X}_1) - f_i'(\boldsymbol{X}_2)| \leqslant m_i \| \boldsymbol{X}_1 - \boldsymbol{X}_2 \|$$

式中:$\| \cdot \|$ 表示向量的2-范数。

假设 4.6[115, 116]:执行器具有低通特性,即使得 $x_{i,f} = H_L(s)x_i \approx x_i$。故存在一常数 $\beta_{i,0}$ 使得不等式 $|x_i - x_{i,f}| \leqslant \beta_{i,0}$ 成立。

4.3.2 控制器设计及稳定性分析

下面将结合 Backstepping 法和 DSC 对系统受限控制器进行设计。

Step 1：定义：$z_1 = x_1 - y_r$

则 z_1 关于时间 t 的导数为

$$\dot{z}_1 = \dot{x}_1 - \dot{y}_r = f_1'(x_1, x_{2,f}) + x_2 + \Delta f_1 - \dot{y}_r \tag{4.60}$$

建立如下所示的模糊系统在线逼近 $f_1'(x_1, x_{2,f})$：

$$f_1'(x_1, x_{2,f}) = \boldsymbol{\theta}_1^{*\mathrm{T}} \xi_1(x_1, x_{2,f}) + \varepsilon_1(x_1, x_{2,f}) \tag{4.61}$$

式中：$|\varepsilon_1(x_1)| \leqslant \varepsilon_1^*$，$\varepsilon_1^*$ 为未知的有界常数。

引入动态面法，即通过如下所示的一阶滤波器：

$$\tau_1 \dot{\alpha}_1 + \alpha_1 = \bar{\alpha}_1, \quad \alpha_1(0) = \bar{\alpha}_1(0)$$

定义：

$$z_2 = x_2 - \alpha_1 \tag{4.62}$$

$$\kappa_1 = \alpha_1 - \bar{\alpha}_1 \tag{4.63}$$

根据式(4.63)和文献[104]可知，κ_1 关于时间 t 的导数为

$$\dot{\kappa}_1 = \dot{\alpha}_1 - \dot{\bar{\alpha}}_1 = -\frac{\kappa_1}{\tau_1} - \dot{\bar{\alpha}} \leqslant -\frac{\kappa_1}{\tau_1} + \bar{N}_1 \tag{4.64}$$

根据式(3.60)、式(3.61)，z_1 关于时间 t 的导数为

$$\begin{aligned}\dot{z}_1 &= \boldsymbol{\theta}_1^{*\mathrm{T}} \xi_1(x_1, x_{2,f}) + \varepsilon_1(x_1, x_{2,f}) + x_2 + \Delta f_1 - \dot{y}_r \\ &= \boldsymbol{\theta}_1^{\mathrm{T}} \xi_1(x_1, x_{2,f}) + \tilde{\boldsymbol{\theta}}_1^{\mathrm{T}} \xi_1(x_1, x_{2,f}) + \varepsilon_1(x_1, x_{2,f}) + \\ &\quad z_2 + \bar{\alpha}_1 + \kappa_1 + \Delta f_1 - \dot{y}_r\end{aligned} \tag{4.65}$$

式中：$\tilde{\boldsymbol{\theta}}_1 = \boldsymbol{\theta}_1^* - \boldsymbol{\theta}_1$ 为参数的估计误差。

选择 Lyapunov 函数为

$$V_1 = \frac{z_1^2}{2} + \frac{\kappa_1^2}{2} + \frac{1}{2r_{11}} \tilde{\boldsymbol{\theta}}_1^{\mathrm{T}} \tilde{\boldsymbol{\theta}}_1 + \frac{1}{2r_{12}} \tilde{\varepsilon}_1^{\mathrm{T}} \tilde{\varepsilon}_1 \tag{4.66}$$

式中：$\tilde{\varepsilon}_1 = \varepsilon_1^* - \hat{\varepsilon}_1$；$r_{11}, r_{12} > 0$ 为常数。则函数关于时间 t 的导数为

$$\dot{V}_1 = z_1 \dot{z}_1 + \kappa_1 \dot{\kappa}_1 - \frac{1}{r_{11}} \tilde{\boldsymbol{\theta}}_1^{\mathrm{T}} \dot{\boldsymbol{\theta}}_1 - \frac{1}{r_{12}} \tilde{\varepsilon}_1^{\mathrm{T}} \dot{\hat{\varepsilon}}_1 \tag{4.67}$$

将式(4.65)代入式(4.67)，得

$$\begin{aligned}\dot{V}_1 &= z_1 [\boldsymbol{\theta}_1^{\mathrm{T}} \xi_1(x_1, x_{2,f}) + \tilde{\boldsymbol{\theta}}_1^{\mathrm{T}} \xi_1(x_1, x_{2,f}) + \varepsilon_1 + z_2 + \bar{\alpha}_1 + \kappa_1 + \Delta f - \dot{y}_r] \\ &\quad + \kappa_1 \dot{\kappa}_1 - \frac{1}{r_{11}} \tilde{\theta}_1^{\mathrm{T}} \dot{\theta}_1 - \frac{1}{r_{12}} \tilde{\varepsilon}_1^{\mathrm{T}} \dot{\hat{\varepsilon}}_1\end{aligned}$$

$$\leqslant z_1[\boldsymbol{\theta}_1^{\mathrm{T}}\xi_1(x_1,x_{2,f}) + \widetilde{\boldsymbol{\theta}}_1^{\mathrm{T}}\xi_1(x_1,x_{2,f}) + z_2 + \bar{\alpha}_1 + \kappa_{11} + \Delta f - \dot{y}_r]$$

$$+ \kappa_1\dot{\kappa}_1 - \frac{1}{r_{11}}\widetilde{\boldsymbol{\theta}}_1^{\mathrm{T}}\dot{\theta}_1 - \frac{1}{r_{12}}\tilde{\varepsilon}_1^{\mathrm{T}}\dot{\hat{\varepsilon}}_1 + |z_1|\varepsilon_1 \tag{4.68}$$

引理 4.2:对于 $\forall\lambda > 0$, $|x| - x\tanh(x/\lambda) \leqslant 0.2785\lambda = \lambda'$ 成立。

$$\dot{V}_1 \leqslant z_1[\boldsymbol{\theta}_1^{\mathrm{T}}\xi_1(x_1,x_{2,f}) + z_2 + \bar{\alpha}_1 + \kappa_1 + \Delta f_1 - \dot{y}_r + \hat{\varepsilon}_1\tanh(z_1/\lambda_1)]$$

$$+ \frac{1}{r_{11}}\widetilde{\boldsymbol{\theta}}_1^{\mathrm{T}}[r_{11}z_1\xi_1(x_1,x_{2,f}) - \dot{\theta}_1] + \frac{1}{r_{12}}\tilde{\varepsilon}_1^{\mathrm{T}}[r_{12}z_1\tanh(z_1/\lambda_1) - \dot{\hat{\varepsilon}}_1]$$

$$+ \kappa_1\dot{\kappa}_1 + \varepsilon_1^*\lambda_1' \tag{4.69}$$

选取辅助虚拟控制变量 $\bar{\alpha}_1$ 和 $\hat{\varepsilon}_1$ 的参数自适应律如下:

$$\bar{\alpha}_1 = -c_1z_1 - \boldsymbol{\theta}_1^{\mathrm{T}}\xi_1(x_1,x_{2,f}) - \hat{\varepsilon}_1\tanh(z_1/\lambda_1) + \dot{y}_r \tag{4.70}$$

$$\dot{\hat{\varepsilon}}_1 = r_{12}z_1\tanh(z_1/\lambda_1) \tag{4.71}$$

式中:$c_1 > 0$ 为常数。

采用投影法[78],引入参数的自适应律为

$$\dot{\boldsymbol{\theta}}_1 = \mathrm{proj}(r_{11}z_1\xi_1) = \begin{cases} r_{11}z_1\xi_1,\ \|\boldsymbol{\theta}_1\| < M_1 \text{ 或} \\ (\|\boldsymbol{\theta}_1\| = M_1) \cap (r_{11}z_1\boldsymbol{\theta}_1\xi_1 > 0) \\ r_{11}z_1\left(\xi_1 - \dfrac{\widetilde{\boldsymbol{\theta}}_1^{\mathrm{T}}\boldsymbol{\theta}_1\boldsymbol{\theta}_1^{\mathrm{T}}}{\|\boldsymbol{\theta}_1\|^2}\xi_1\right),\text{其他} \end{cases} \tag{4.72}$$

式中:M_1 为设定的最大值。根据文献[54]可知,估计参数 $\boldsymbol{\theta}_1$ 满足 $\|\boldsymbol{\theta}_1\| \leqslant M_1$,并且使得如下所示的不等式成立:

$$\widetilde{\boldsymbol{\theta}}_1^{\mathrm{T}}(\dot{\boldsymbol{\theta}}_1 - r_{11}z_1\xi_1) \leqslant 0 \tag{4.73}$$

则根据式(4.70)~式(4.73),式(4.69)可变换为

$$\dot{V}_1 \leqslant -c_1z_1^2 + z_1z_2 + z_1(\kappa_1 + \Delta f_1) - \frac{\kappa_1^2}{\tau_1} + \bar{N}_1\kappa_1 + \varepsilon_1^*\lambda_1' \tag{4.74}$$

根据 Young 不等式,假设 4.5 和 4.6 可得

$$z_1\kappa_1 \leqslant \frac{1}{2}z_1^2 + \frac{1}{2}\kappa_1^2 \tag{4.75}$$

$$\bar{N}_1\boldsymbol{\kappa}_1 \leqslant \frac{1}{2}(\bar{N}_1)^2 + \frac{1}{2}\boldsymbol{\kappa}_1^2 \tag{4.76}$$

$$z_1\Delta f_1 \leqslant \frac{1}{2}z_1^2 + \frac{1}{2}m_1^2 \|x_2 - x_{2,f}\|^2 \leqslant \frac{1}{2}z_1^2 + \frac{1}{2}m_1^2\beta_{1,0}^2 \tag{4.77}$$

则式(4.74)可变换为

$$\dot{V}_1 \leqslant -(c_1 - 1)z_1^2 + z_1z_2 - \left(\frac{1}{\tau_1} - 1\right)\kappa_1^2 + \frac{(\bar{N}_1)^2 + m_1^2\beta_{1,0}^2}{2} + \varepsilon_1^* \lambda_1' \tag{4.78}$$

Step i $(2 \leqslant i \leqslant n - 1)$:定义

$$z_i = x_i - \alpha_{i-1} \tag{4.79}$$

$$z_{i+1} = x_{i+1} - \alpha_i \tag{4.80}$$

$$\kappa_i = \alpha_i - \bar{\alpha}_i \tag{4.81}$$

采用模糊系统在线逼近 $f_i'(x_i, x_{i+1,f})$,建立如下模糊系统:

$$f_i'(\boldsymbol{x}_i, x_{i+1,f}) = \boldsymbol{\theta}_i^{*\mathrm{T}}\xi_i(\boldsymbol{x}_i, x_{i+1,f}) + \varepsilon_i(\boldsymbol{x}_i, x_{i+1,f}) \tag{4.82}$$

式中:$|\varepsilon_i(\boldsymbol{x}_i, x_{i+1,f})| \leqslant \varepsilon_i^*$,$\varepsilon_i^*$ 为未知的有界常数。

辅助虚拟控制变量 $\bar{\alpha}_i$ 通过如下所示的一阶滤波器:

$$\tau_i\dot{\alpha}_i + \alpha_i = \bar{\alpha}_i, \quad \alpha_i(0) = \bar{\alpha}_i(0)$$

z_i 关于时间 t 的导数为

$$\begin{aligned}\dot{z}_i &= \dot{x}_i - \dot{\alpha}_{i-1} = \boldsymbol{\theta}_i^{*\mathrm{T}}\xi_i(\boldsymbol{x}_i, x_{i+1,f}) + \varepsilon_i(\boldsymbol{x}_i, x_{i+1,f}) + x_{i+1} + \Delta f_i - \dot{\alpha}_{i-1} \\ &= \boldsymbol{\theta}_i^{\mathrm{T}}\xi_i(\boldsymbol{x}_i, x_{i+1,f}) + \tilde{\boldsymbol{\theta}}_i^{\mathrm{T}}\xi_i(\boldsymbol{x}_i, x_{i+1,f}) + \varepsilon_i(\boldsymbol{x}_i, x_{i+1,f}) + z_{i+1} + \bar{\alpha}_i + \\ &\quad \kappa_i + \Delta f_i - \dot{\alpha}_{i-1}\end{aligned} \tag{4.83}$$

同理对式(4.81)求导,得

$$\dot{\kappa}_i = \dot{\alpha}_i - \dot{\bar{\alpha}}_i \leqslant \frac{\kappa_i}{\tau_i} + \bar{N}_i \tag{4.84}$$

选择 Lyapunov 函数 V_i 为

$$V_i = \frac{z_i^2}{2} + \frac{\kappa_i^2}{2} + \frac{1}{2r_{i1}}\tilde{\boldsymbol{\theta}}_i^{\mathrm{T}}\tilde{\boldsymbol{\theta}}_i + \frac{1}{2r_{i2}}\tilde{\varepsilon}_i^{\mathrm{T}}\tilde{\varepsilon}_i \tag{4.85}$$

式中:$r_{i1}, r_{i2} > 0$。则 V_i 关于时间 t 的导数为

$$\dot{V}_i = z_i[\boldsymbol{\theta}_i^{\mathrm{T}}\xi_i(\boldsymbol{x}_i, x_{i+1,f}) + \tilde{\boldsymbol{\theta}}_i^{\mathrm{T}}\xi_i(\boldsymbol{x}_i, x_{i+1,f}) + \varepsilon_i + z_{i+1} + \bar{\alpha}_i + \kappa_i + \Delta f_i - \dot{\alpha}_{i-1}]$$

$$+\kappa_i\dot{\kappa}_i-\frac{1}{r_{i1}}\tilde{\boldsymbol{\theta}}_i^{\mathrm{T}}\dot{\hat{\theta}}_i-\frac{1}{r_{i2}}\tilde{\varepsilon}_i^{\mathrm{T}}\dot{\hat{\varepsilon}}_i$$

$$\leqslant z_i[\boldsymbol{\theta}_i^{\mathrm{T}}\xi_i(\boldsymbol{x}_i,x_{i+1,f})+\tilde{\boldsymbol{\theta}}_i^{\mathrm{T}}\xi_i(\boldsymbol{x}_i,x_{i+1,f})+\varepsilon_i+z_{i+1}+\bar{\alpha}_i+\kappa_i+\Delta f_i-\dot{\alpha}_{i-1}]+|z_i|\varepsilon_i-z_i\varepsilon_i^*\tanh(z_i/\lambda_i)+z_i\varepsilon_i^*\tanh(z_i/\lambda_i)+\kappa_i\dot{\kappa}_i-\frac{1}{r_{i1}}\tilde{\boldsymbol{\theta}}_i^{\mathrm{T}}\dot{\hat{\boldsymbol{\theta}}}_i-\frac{1}{r_{i2}}\tilde{\varepsilon}_i^{\mathrm{T}}\dot{\hat{\varepsilon}}_i \tag{4.86}$$

根据引理4.2,上式可变换为

$$\dot{V}_i\leqslant z_i[\boldsymbol{\theta}_i^{\mathrm{T}}\xi_i(\boldsymbol{x}_i,x_{i+1,f})+z_{i+1}+\bar{\alpha}_i+\kappa_i+\Delta f_i-\dot{\alpha}_{i-1}+\hat{\varepsilon}_i\tanh(z_i/\lambda_i)]+\kappa_i\dot{\kappa}_i+\frac{1}{r_{i1}}\tilde{\boldsymbol{\theta}}_i^{\mathrm{T}}[r_{i1}z_i\xi_i(\boldsymbol{x}_i,x_{i+1,f})-\dot{\hat{\theta}}_i]+\frac{1}{r_{i2}}\tilde{\varepsilon}_i^{\mathrm{T}}[r_{i2}z_i\tanh(z_i/\lambda_i)-\dot{\hat{\varepsilon}}_i]+\varepsilon_i^*\lambda'_i \tag{4.87}$$

选取如下所示的参数自适应律为

$$\bar{\alpha}_i=-c_iz_i-z_{i-1}-\boldsymbol{\theta}_i^{\mathrm{T}}\xi_i-\hat{\varepsilon}_i\tanh(z_i/\lambda_i)+\dot{\alpha}_{i-1} \tag{4.88}$$

$$\dot{\hat{\varepsilon}}_i=r_{i2}z_i\tanh(z_i/\lambda_i) \tag{4.89}$$

$$\dot{\hat{\boldsymbol{\theta}}}_i=\mathrm{proj}(r_{i1}z_i\xi_i) \tag{4.90}$$

式中：$c_i>0$为常数。

并根据上述参数自适应律和Young不等式以及假设4.5和4.6，式(4.87)可变换为

$$\dot{V}_i\leqslant-(c_i-1)z_i^2-z_iz_{i-1}+z_iz_{i+1}-\left(\frac{1}{\tau_i}-1\right)\kappa_i^2+\frac{(\bar{N}_i)^2}{2}+\varepsilon_i^*\lambda'_i+\frac{1}{2}m_i^2\beta_{i,0}^2 \tag{4.91}$$

Step n：定义：

$$z_n=x_n-\alpha_{n-1} \tag{4.92}$$

$$z_{n+1}=h(v)-\alpha_n \tag{4.93}$$

$$\kappa_n=\alpha_n-\bar{\alpha}_n \tag{4.94}$$

采用模糊系统在线逼近函数$f'_n(\boldsymbol{x}_n,u_f)$和系统受到的复合外界干扰。构造如下模糊系统：

$$f'_n(\boldsymbol{x}_n,u_f)+\bar{d}=\boldsymbol{\theta}_n^{*\mathrm{T}}\xi_n(\boldsymbol{x}_n,u_f)+\varepsilon_n(\boldsymbol{x}_n,u_f) \tag{4.95}$$

式中：$|\varepsilon_n(\boldsymbol{x}_n,u_f)|\leqslant\varepsilon_n^*$，$\varepsilon_n^*$ 为未知的有界常数。

虚拟控制变量 $\bar{\alpha}_n$ 通过如下所示的一阶滤波器。

$$\tau_n\dot{\alpha}_n+\alpha_n=\bar{\alpha}_n,\quad \alpha_n(0)=\bar{\alpha}_n(0) \tag{4.96}$$

式(4.92)和式(4.94)关于时间 t 的导数分别为

$$\begin{aligned}\dot{z}_n=\dot{x}_n-\dot{\alpha}_{n-1}&=\boldsymbol{\theta}_n^{*\mathrm{T}}\xi_n(\boldsymbol{x}_n,u_f)+\varepsilon_n(\boldsymbol{x}_n,u_f)+h(v)+\Delta f_n-\dot{\alpha}_{n-1}\\&=\boldsymbol{\theta}_n^{\mathrm{T}}\xi_n(\boldsymbol{x}_n,u_f)+\tilde{\boldsymbol{\theta}}_n^{\mathrm{T}}\xi_n(\boldsymbol{x}_n,u_f)+\varepsilon_n(\boldsymbol{x}_n,u_f)+z_{n+1}+\bar{\alpha}_n+\kappa_n+\Delta f_n\\&\quad-\dot{\alpha}_{n-1}\end{aligned} \tag{4.97}$$

$$\dot{\kappa}_n=\dot{\alpha}_n-\dot{\bar{\alpha}}_n\leqslant\frac{\kappa_n}{\tau_n}+\bar{N}_n \tag{4.98}$$

选择 Lyapunov 函数 V_n 为

$$V_n=\frac{z_n^2}{2}+\frac{\kappa_n^2}{2}+\frac{1}{2r_{n1}}\tilde{\boldsymbol{\theta}}_n^{\mathrm{T}}\tilde{\boldsymbol{\theta}}_n+\frac{1}{2r_{n2}}\tilde{\varepsilon}_n^{\mathrm{T}}\tilde{\varepsilon}_n \tag{4.99}$$

式中：$r_{n1},r_{n2}>0$。则 V_n 关于时间 t 的导数为

$$\begin{aligned}\dot{V}_n&=z_n[\boldsymbol{\theta}_n^{\mathrm{T}}\boldsymbol{\xi}_n(\boldsymbol{x}_n,u_f)+\tilde{\boldsymbol{\theta}}_n^{\mathrm{T}}\boldsymbol{\xi}_n(\boldsymbol{x}_n,u_f)+\varepsilon_n+z_{n+1}+\bar{\alpha}_n+\kappa_n+\Delta f_n-\dot{\alpha}_{n-1}]\\&\quad+\kappa_n\dot{\kappa}_n-\frac{1}{r_{n1}}\tilde{\boldsymbol{\theta}}_n^{\mathrm{T}}\dot{\boldsymbol{\theta}}_n-\frac{1}{r_{n2}}\tilde{\varepsilon}_n^{\mathrm{T}}\tilde{\varepsilon}_n\\&\leqslant z_n[\boldsymbol{\theta}_n^{\mathrm{T}}\xi_n(\boldsymbol{x}_n,u_f)+\tilde{\boldsymbol{\theta}}_n^{\mathrm{T}}\xi_n(\boldsymbol{x}_n,u_f)+z_{n+1}+\bar{\alpha}_n+\kappa_n+\Delta f_n-\dot{\alpha}_{n-1}]\\&\quad+|z_n|\varepsilon_n-z_n\varepsilon_n^*\tanh(z_n/\lambda_n)+z_n\varepsilon_n^*\tanh(z_n/\lambda_n)+\kappa_n\dot{\kappa}_n\\&\quad-\frac{1}{r_{n1}}\tilde{\boldsymbol{\theta}}_n^{\mathrm{T}}\dot{\boldsymbol{\theta}}_n-\frac{1}{r_{n2}}\tilde{\varepsilon}_n^{\mathrm{T}}\tilde{\varepsilon}_n\end{aligned} \tag{4.100}$$

根据引理 4.2，上式可变换为

$$\begin{aligned}\dot{V}_n&\leqslant z_n[\boldsymbol{\theta}_n^{\mathrm{T}}\xi_n(\boldsymbol{x}_n,u_f)+z_{n+1}+\bar{\alpha}_n+\kappa_n+\Delta f_n-\dot{\alpha}_{n-1}+\hat{\varepsilon}_n\tanh(z_n/\lambda_n)]+\\&\quad\kappa_n\dot{\kappa}_n+\frac{1}{r_{n1}}\tilde{\boldsymbol{\theta}}_n^{\mathrm{T}}[r_{n1}z_n\xi_n(\boldsymbol{x}_n,u_f)-\dot{\theta}_n]+\frac{1}{r_{n2}}\tilde{\varepsilon}_n^{\mathrm{T}}[r_{n2}z_n\tanh(z_n/\lambda_n)-\\&\quad\dot{\hat{\varepsilon}}_n]+\varepsilon_n^*\lambda_n'\end{aligned} \tag{4.101}$$

选择如下所示的参数自适应律：

$$\bar{\alpha}_n=-c_nz_n-z_{n-1}-\boldsymbol{\theta}_n^{\mathrm{T}}\xi_n-\hat{\varepsilon}_n\tanh(z_n/\lambda_n)+\dot{\alpha}_{n-1} \tag{4.102}$$

$$\dot{\hat{\varepsilon}}_n=r_{n2}z_n\tanh(z_n/\lambda_n) \tag{4.103}$$

$$\dot{\boldsymbol{\theta}}_n = \operatorname{proj}(r_{n1} z_n \xi_n) \tag{4.104}$$

式中：$c_n > 0$ 为常数。

并根据上述参数自适应律和 Young 不等式以及假设 4.5 和 4.6，式(4.101)可变换为

$$\dot{V}_n \leqslant -(c_n - 1)z_n^2 - z_n z_{n-1} + z_n z_{n+1} + \frac{\varepsilon_n^2}{2} - \left(\frac{1}{\tau_n} - 1\right)\kappa_n^2 + \frac{(\overline{N}_n)^2}{2} + \varepsilon_n^* \lambda'_n + \frac{1}{2} m_n^2 \beta_{n,0}^2 \tag{4.105}$$

Step $n+1$：定义：

$$\dot{v} = -cv + w \tag{4.106}$$

$$w = N(\chi)\overline{w} \tag{4.107}$$

$$\overline{w} = -c_{n+1}z_{n+1} - z_n + \zeta cv + \dot{\alpha}_n \tag{4.108}$$

$$\dot{\chi} = \gamma_\chi \overline{w} z_{n+1} \tag{4.109}$$

式中：$c > 0$，$\gamma_\chi > 0$，$c_{n+1} > 0$ 为待定的设计参数；取 $N(\chi) = \chi^2 \cos(\chi)$；$\zeta = \dfrac{\partial h(v)}{\partial v} = \dfrac{4}{(\mathrm{e}^{v/u_M} + \mathrm{e}^{-v/u_M})^2} > 0$，则 z_{n+1} 关于时间 t 的导数为

$$\begin{aligned}\dot{z}_{n+1} &= \frac{\partial h(v)}{\partial v}\dot{v} - \dot{\alpha}_n = -\zeta cv + (\zeta N(\chi) - 1)\overline{w} - \dot{\alpha}_n + \overline{w} \\ &= -c_{n+1}z_{n+1} - z_n + (\zeta N(\chi) - 1)\overline{w}\end{aligned} \tag{4.110}$$

选择 Lyapunov 函数 V_{n+1} 如下：

$$V_{n+1} = \frac{z_{n+1}^2}{2} \tag{4.111}$$

则 V_{n+1} 关于时间 t 的导数为

$$\dot{V}_{n+1} = z_{n+1}\dot{z}_{n+1} = -c_{n+1}z_{n+1}^2 - z_n z_{n+1} + \frac{1}{\gamma_\chi}(\zeta N(\chi) - 1)\dot{\chi} \tag{4.112}$$

考虑到闭环系统所有信号的稳定性，选择如下所示的 Lyapunov 函数 V_{sum} 为

$$V_{\text{sum}} = \sum_{i=1}^{n+1} V_i = \sum_{i=1}^{n+1} \frac{z_i^2}{2} + \sum_{i=1}^{n} \frac{\kappa_i^2}{2} + \widetilde{\boldsymbol{\Theta}}^{\mathrm{T}} \boldsymbol{\Lambda}_1 \widetilde{\boldsymbol{\Theta}} + \widetilde{\boldsymbol{\Xi}}^{\mathrm{T}} \boldsymbol{\Lambda}_2 \widetilde{\boldsymbol{\Xi}} \tag{4.113}$$

式中：$\widetilde{\boldsymbol{\Theta}} = [\widetilde{\boldsymbol{\theta}}_1^{\mathrm{T}}, \cdots, \widetilde{\boldsymbol{\theta}}_n^{\mathrm{T}}]^{\mathrm{T}}$；$\boldsymbol{\Lambda}_1 = \mathrm{diag}[1/2r_{11}, \cdots, 1/2r_{n1}]$；$\widetilde{\boldsymbol{\Xi}} = [\widetilde{\varepsilon}_1^{\mathrm{T}}, \cdots, \widetilde{\varepsilon}_n^{\mathrm{T}}]^{\mathrm{T}}$；$\boldsymbol{\Lambda}_2 = \mathrm{diag}[1/2r_{12}, \cdots, 1/2r_{n2}]$。

根据式(4.78)、式(4.91)、式(4.105)和式(4.112)，函数 V_{sum} 关于时间 t 的导数为

$$\begin{aligned}\dot{V}_{\mathrm{sum}} &\leqslant -\sum_{i=1}^{n}(c_i - 1)z_i^2 - c_{n+1}z_{n+1}^2 - \sum_{i=1}^{n}\left(\frac{1}{\tau_i} - 1\right)\kappa_i^2 + \sum_{i=1}^{n}\frac{(\overline{N}_i)^2}{2} \\ &\quad + \sum_{i=1}^{n}\frac{m_i^2\beta_{i,0}^2}{2} + \sum_{i=1}^{n}\varepsilon_i^{*}\lambda'_i + \frac{1}{\gamma_\chi}(\zeta N(\chi) - 1)\dot{\chi} \\ &\leqslant -CV_{\mathrm{sum}} + M + \frac{1}{\gamma_\chi}(\zeta N(\chi) - 1)\dot{\chi}\end{aligned} \tag{4.114}$$

式中：$M = \sum_{i=1}^{n}\frac{(\overline{N}_i)^2}{2} + \sum_{i=1}^{n}\frac{m_i^2\beta_{i,0}^2}{2} + \sum_{i=1}^{n}\varepsilon_i^{*}\lambda'_i > 0$；$C = \min\left(2c_i - 2, 2c_{n+1}, \frac{2}{\tau_i} - 2\right) > 0$。

对式(4.114)积分，得

$$V_{\mathrm{sum}} \leqslant V_{\mathrm{sum}}(0)\mathrm{e}^{-Ct} + \frac{M}{C}(1 - \mathrm{e}^{-Ct}) + \frac{\mathrm{e}^{-Ct}}{\gamma_\chi}\int_0^t(\zeta N(\chi)\dot{\chi} - \dot{\chi})\mathrm{e}^{C\tau}\mathrm{d}\tau \tag{4.115}$$

根据式(4.115)和引理4.1可得 V_{sum} 和 χ 有界，且闭环系统的跟踪误差满足如下所示的不等式：

$$\frac{1}{2}\|e\|^2 = \frac{1}{2}\|z_1\|^2 \leqslant V_{\mathrm{sum}} \tag{4.116}$$

$$\|e\| \leqslant \sqrt{2V_{\mathrm{sum}}} \tag{4.117}$$

即选择合适的设计参数可以使跟踪误差收敛至原点的很小邻域内。

根据以上推导论证，可以得到以下定理：

定理 4.3：对于满足假设 4.1～4.6 具有参数不确定性和外部有界干扰的非线性系统(4.1)，设计如式(4.106)所示的控制器和如式(4.71)、式(4.72)所示的参数自适应律，能够使闭环系统所有信号半

全局最终一致有界(SGUUB);并且选择合适的设计参数能够使系统跟踪误差收敛到原点的一个很小的邻域内。

4.3.3 仿真分析

这里的仿真环境同 4.2 节,其中控制参数如下:

$c_1 = 13, c_2 = 18, c_3 = 7, c = 6, \gamma_\chi = 0.008, \tau_1 = 0.015, \tau_2 = 0.045, \chi(0) = 0.4$。Butterworth 低通滤波器的截止频率为:$w_c = 1\text{rad/s}$ 。

同时为减轻阶跃信号对控制器的冲击,对阶跃信号指令进行平滑。结合 MATLAB 仿真工具箱,对所提算法进行仿真实验,仿真结果如图 4.4和图 4.5 所示[117]。

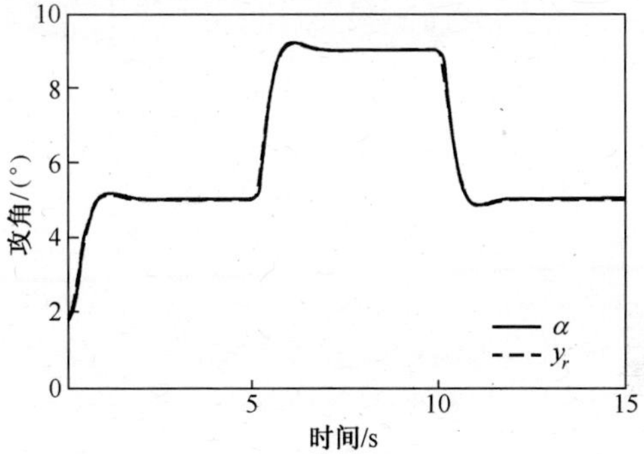

图 4.4 攻角跟踪

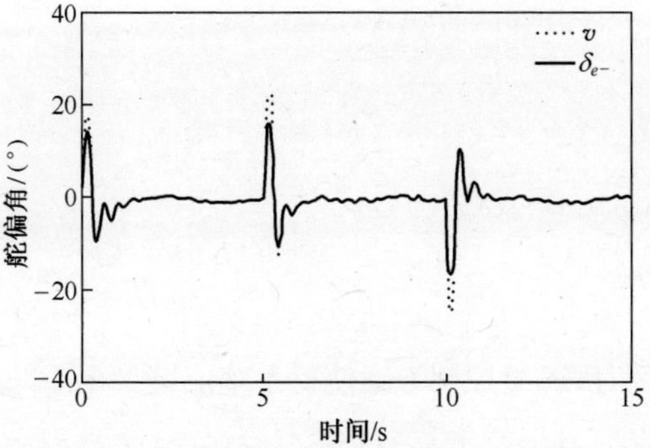

图 4.5 控制输入

图 4.4 中实线所示为给定攻角参考指令信号曲线，虚线所示为系统实际的跟踪响应曲线。从图中可以看出在控制信号的作用下，系统能够对给定的参考指令信号实现很好地跟踪，并且误差控制在很小的范围内。图 4.5 中虚线表示的为控制器的输入信号，实线表示的为控制器信号。图中显示虽然在被控对象状态发生较大变化时，控制器输入信号超出饱和值，但是控制器信号依然能够保持在约束范围内，并且能够实现对指令信号的跟踪。实验结果充分验证了本书设计方法在系统存在参数不确定和较大外界干扰时具有很强的鲁棒性能。

4.4 状态不可直接测量时输入受限的自适应模糊反步控制

上节中通过引入 Butterworth 低通滤波器，解决了控制增益方向未知时的输入受限的控制问题，并且无需预知控制增益函数的最大值，进一步扩大了该方法的应用范围。但是前两节研究的内容均是建立在系统状态均可直接测量的这个基础之上的，而在实际情况中，系统状态不可直接测量或者测量传感器出现故障的情况是广泛存在的，因此研究系统在状态不可直接测量情况下的控制问题是很有意义的。

将系统(3.1)变换为如下形式：

$$\begin{cases}\dot{x}_i = f'_i(\boldsymbol{x}_i, x_{i+1}) + x_{i+1} \\ \dot{x}_n = f'_n(\boldsymbol{x}_n, u) + u \\ y = x_1\end{cases} \tag{4.118}$$

式中：$f'_i(\boldsymbol{x}_i, x_{i+1}) = f_i(\boldsymbol{x}_i) + (g_i(\boldsymbol{x}_i) - 1)x_{i+1} + d_i$，$(i = 1,2,\cdots, n-1)$；$f'_n(\boldsymbol{x}_n, u) = f_n(\boldsymbol{x}_n) + (g_n(\boldsymbol{x}_n) - 1)u + \bar{d}_n$；$u = h(v)$；复合干扰 $\bar{d}_n = d_n + g_n(\boldsymbol{x}_n)d(v)$。

在本节中，假设只有输出 y 是可直接测量的。控制目标为设计模糊状态观测器和自适应控制方案使得系统能够稳定跟踪参考输入信号 y_r，且闭环系统所有信号半全局一致有界。

4.4.1 模糊状态观测器设计

由于只有输出 y 可直接测量，状态变量 $x_2, \cdots, x_n$ 不可直接测量，故需要设计一状态观测器对其进行观测。设计如下所示的模糊状态观测器[113, 117, 118]：

$$\begin{cases}\dot{\hat{x}}_i = \hat{x}_{i+1} + k_i(y - \hat{x}_1) + \hat{f}'_i(\hat{x}_i, \hat{x}_{i+1,f} \mid \boldsymbol{\theta}_i) \\ \dot{\hat{x}}_n = k_n(y - \hat{x}_1) + \hat{f}'_n(\hat{x}_n, u_f \mid \boldsymbol{\theta}_n) + u \\ \hat{y} = \hat{x}_1\end{cases} \tag{4.119}$$

式中：$\hat{x}_i$ 为观测状态值；$\hat{f}'_i(\hat{\boldsymbol{x}}_i, \hat{x}_{i+1,f} \mid \boldsymbol{\theta}_i) = \boldsymbol{\theta}_i^{\mathrm{T}} \xi_i(\hat{\boldsymbol{x}}_i, \hat{x}_{i+1,f})$ 为建立的模糊系统函数；$\hat{x}_{i+1,f}$ 和 u_f 为通过如下所示的滤波信号值：

$$\hat{x}_{i,f} = H_L(s)\hat{x}_i, \quad u_f = H_L(s)u \tag{4.120}$$

式中：$H(s)$ 为 Butterworth 低通滤波器(Low-Pass Filter, LPF)[113, 117, 118]。

$$令 \boldsymbol{A} = \begin{bmatrix} -k_1 & & & \\ \vdots & & \boldsymbol{I} & \\ -k_n & 0 & \cdots & 0 \end{bmatrix}, \boldsymbol{K} = \begin{bmatrix} k_1 \\ \vdots \\ k_n \end{bmatrix}, \boldsymbol{B}_n = \begin{bmatrix} 0 \\ \vdots \\ 1 \end{bmatrix},$$

$$\boldsymbol{B}_i = [0 \cdots 1 \cdots 0]^{\mathrm{T}}, C = [1 \cdots 0 \cdots 0],$$

适当选择矩阵 $\boldsymbol{K}$，使得 $\boldsymbol{A}$ 为 Hurwitz 矩阵。则建立的模糊状态观测器变换为

$$\begin{cases}\dot{\hat{\boldsymbol{x}}}_n = \boldsymbol{A}\hat{\boldsymbol{x}}_n + \boldsymbol{K}y + \sum_{i=1}^{n} \boldsymbol{B}_i \hat{f}'_i(\hat{\boldsymbol{x}}_i, \hat{x}_{i+1,f} \mid \boldsymbol{\theta}_i) + \boldsymbol{B}_n u \\ \hat{y} = \boldsymbol{C}\hat{\boldsymbol{x}}_n\end{cases} \tag{4.121}$$

在上述模糊状态观测器中建立的模糊系统 $\hat{f}'_1(\hat{x}_1, \hat{x}_{2,f} \mid \boldsymbol{\theta}_1) = \boldsymbol{\theta}_1^{\mathrm{T}} \xi_1(\hat{x}_1, \hat{x}_{2,f})$，定义参数向量 $\boldsymbol{\theta}_1$ 的最优估计为

$$\boldsymbol{\theta}_1^* = \arg \min_{\boldsymbol{\theta}_1 \in \boldsymbol{\Omega}_1} \{ \sup_{\boldsymbol{X} \in \mathbf{R}} \mid \hat{f}'_1(\hat{x}_1, \hat{x}_{2,f} \mid \boldsymbol{\theta}_1) - f'_i(\hat{x}_1, \hat{x}_{2,f}) \} \tag{4.122}$$

定义模糊系统最小逼近误差 ε_i 分别为

$$\varepsilon_1 = f'_i(\hat{x}_1, \hat{x}_{2,f}) - \hat{f}'_1(\hat{x}_1, \hat{x}_{2,f} \mid \boldsymbol{\theta}_1^*) \tag{4.123}$$

假设 4.7：存在未知常数 ε_i^*，模糊系统的逼近误差 ε_i 满足不等式 $|\varepsilon_i| \leqslant \varepsilon_i^*$。

同理令 $\hat{x}_{n+1,f} = u_f$，系统(4.118)可变换为如下形式：

$$\begin{cases}\dot{\boldsymbol{x}}_n = \boldsymbol{A}\boldsymbol{x}_n + \boldsymbol{K}y + \sum_{i=1}^{n}\boldsymbol{B}_i[f_i'(\hat{\boldsymbol{x}}_i,\hat{x}_{i+1,f}) + \Delta f_i)] + \boldsymbol{B}_n u \\ y = \boldsymbol{C}\boldsymbol{x}_n\end{cases} \tag{4.124}$$

式中 $\Delta f_i = f_i'(\boldsymbol{x}_i, x_{i+1,f}) - f_i'(\hat{\boldsymbol{x}}_i,\hat{x}_{i+1,f})$。

下面将对建立的模糊状态观测器的稳定性进行分析：

令 $\boldsymbol{e} = \boldsymbol{x}_n - \hat{\boldsymbol{x}}_n$ 为观测器误差，由式(4.121)、式(4.124)可得

$$\dot{\boldsymbol{e}} = \boldsymbol{A}\boldsymbol{e} + \sum_{i=1}^{n}\boldsymbol{B}_i[\delta_i + \Delta f_i] \tag{4.125}$$

式中 $\delta_i = f_i'(\hat{\boldsymbol{x}}_i,\hat{x}_{i+1,f}) - \hat{f}_i'(\hat{\boldsymbol{x}}_i,\hat{x}_{i+1,f} \mid \boldsymbol{\theta}_i)$ 为模糊系统逼近误差。对于上面选定的 Hurwitz 矩阵 $\boldsymbol{A}$，给定一正定矩阵 $\boldsymbol{Q}$，存在一正定矩阵 $\boldsymbol{P}$ 使得如下所示的 Raccati 方程成立。

$$\boldsymbol{A}^{\mathrm{T}}\boldsymbol{P} + \boldsymbol{P}\boldsymbol{A} = -2\boldsymbol{Q} \tag{4.126}$$

选择 Lyapunov 函数 V_0 如下：

$$V_0 = \frac{1}{2}\boldsymbol{e}^{\mathrm{T}}\boldsymbol{P}\boldsymbol{e} \tag{4.127}$$

则函数 V_0 关于时间 t 的导数为

$$\dot{V}_0 = \frac{1}{2}\dot{\boldsymbol{e}}^{\mathrm{T}}\boldsymbol{P}\boldsymbol{e} + \frac{1}{2}\boldsymbol{e}^{\mathrm{T}}\boldsymbol{P}\dot{\boldsymbol{e}} \tag{4.128}$$

将式(4.125)、式(4.126)代入式(4.128)，得

$$\dot{V}_0 \leqslant -\lambda_{\min}(\boldsymbol{Q})\|\boldsymbol{e}\|^2 + \boldsymbol{e}^{\mathrm{T}}\boldsymbol{P}(\boldsymbol{\delta} + \Delta\boldsymbol{F}) \tag{4.129}$$

式中：$\lambda_{\min}(\boldsymbol{Q})$ 表示为正定矩阵 $\boldsymbol{Q}$ 的最小特征值；$\boldsymbol{\delta} = [\delta_1,\cdots,\delta_n]^{\mathrm{T}}$；$\Delta\boldsymbol{F} = [\Delta f_1,\cdots,\Delta f_n]^{\mathrm{T}}$。

假设 4.8：存在未知常数 δ_i^*，模糊系统的逼近误差 δ_i 满足不等式 $|\delta_i| \leqslant \delta_i^*$。

根据 Young 不等式和假设 4.5~4.7，可得

$$\boldsymbol{e}^{\mathrm{T}}\boldsymbol{P}\boldsymbol{\delta} \leqslant \frac{1}{2}\|\boldsymbol{e}\|^2 + \frac{1}{2}\|\boldsymbol{P}\|^2\|\boldsymbol{\delta}\|^2 \leqslant \frac{1}{2}\|\boldsymbol{e}\|^2 + \frac{1}{2}\|\boldsymbol{P}\|^2\|\boldsymbol{\delta}^*\|^2 \tag{4.130}$$

$$
\boldsymbol{e}^{\mathrm{T}}\boldsymbol{P}\Delta\boldsymbol{F} \leqslant \frac{1}{2}\|\boldsymbol{e}\|^2+\frac{1}{2}\|\boldsymbol{P}\|^2\|\Delta\boldsymbol{F}\|^2 \leqslant \frac{1}{2}\|\boldsymbol{e}\|^2+\frac{1}{2}\|\boldsymbol{P}\|^2\sum_{i=1}^{n}|\Delta f_i|^2
$$

$$
\leqslant \frac{1}{2}\|\boldsymbol{e}\|^2+\|\boldsymbol{P}\|^2\sum_{i=1}^{n}m_i^2\|\boldsymbol{e}\|^2+\|\boldsymbol{P}\|^2\sum_{i=1}^{n}m_i^2\beta_{i,0}^2 \tag{4.131}
$$

式中 $\boldsymbol{\delta}^* = [\delta_1^*,\cdots,\delta_n^*]^{\mathrm{T}}$。

联立式(4.129)、式(4.130)和式(4.131),得到

$$
\dot{V}_0 \leqslant -r\|\boldsymbol{e}\|^2 + M_0 \tag{4.132}
$$

式中:$r = \lambda_{\min}(\boldsymbol{Q}) - 1 - \|\boldsymbol{P}\|^2\sum_{i=1}^{n}m_i^2$;$M_0 = \frac{1}{2}\|\boldsymbol{P}\|^2(\|\boldsymbol{\delta}^*\|^2 + 2\sum_{i=1}^{n}m_i^2\beta_{i,0}^2)$。

根据 Lyapunov 指数稳定性定理[119],选择合适参数使得 $r > 0$,能够使得观测器稳定,即当误差 $\|e\| > \sqrt{M_0/r}$ 时,观测系统误差收敛。

4.4.2 控制器设计及稳定性分析

下面将结合 Backstepping 法和 DSC 法对控制器进行设计。

Step 1:由于系统中状态不可直接测量,系统中的反馈控制律不能直接利用其给出。上一节中已经证明了建立的模糊状态观测器观测误差是收敛的,故观测器状态可以用于系统反馈控制律的设计,这与针对实际系统进行设计是等价的,因此定义如下:

$$
z_1 = y - y_r, z_i = \hat{x}_i - \alpha_{i-1} \tag{4.133}
$$

式中:α_{i-1} 为虚拟控制变量,具体表达形式由下文给出。

变量 z_1 关于时间 t 的导数为

$$
\begin{aligned}
\dot{z}_1 &= \dot{x}_1 - \dot{y}_r = x_2 + f'_1(x_1,x_2) - \dot{y}_r = \hat{x}_2 + f'_1(\hat{x}_1,\hat{x}_2) - \dot{y}_r + e_2 + \Delta f_1 \\
&= \hat{x}_2 + \boldsymbol{\theta}_i^{\mathrm{T}}\xi_i(\hat{x}_i,\hat{x}_{i+1,f}) - \dot{y}_r + e_2 + \varepsilon_1 + \Delta f_1
\end{aligned} \tag{4.134}
$$

式中:$e_2 = x_2 - \hat{x}_2$ 为变量的估计误差。

由式(4.133),上式可变换为

$$
\dot{z}_1 = z_2 + \alpha_1 + \boldsymbol{\theta}_1^{\mathrm{T}}\xi_1(\hat{\boldsymbol{x}}_1,\hat{x}_{2,f}) + \widetilde{\boldsymbol{\theta}}_1^{\mathrm{T}}\xi_1(\hat{\boldsymbol{x}}_1,\hat{x}_{2,f}) - \dot{y}_{\mathrm{r}} + e_2 + \varepsilon_1 + \Delta f_1 \tag{4.135}
$$

式中：$\tilde{\boldsymbol{\theta}}_1=\boldsymbol{\theta}_1^*-\boldsymbol{\theta}_1$ 为模糊系统自由参数估计误差。

选取辅助虚拟控制变量 $\bar{\alpha}_1$，并通过如下所示的一阶滤波器：

$$\tau_1\dot{\alpha}_1+\alpha_1=\bar{\alpha}_1,\alpha_1(0)=\bar{\alpha}_1(0)$$

式中：$\tau_1>0$ 为常数。

令滤波误差 $\kappa_1=\alpha_1-\bar{\alpha}_1$，对其求导得

$$\dot{\kappa}_1=\dot{\alpha}_1-\dot{\bar{\alpha}}_1=-\frac{\alpha_1-\bar{\alpha}_1}{\tau_1}-\dot{\bar{\alpha}}_1=-\frac{\kappa_1}{\tau_1}-\dot{\bar{\alpha}}_1 \tag{4.136}$$

由文献[78]可知，存在某一区间的连续函数 $N_1(\cdot)$ 使得不等式 $-\dot{\bar{\alpha}}_1\leqslant N_1(\cdot)$，并根据连续函数的性质，得

$$\dot{\kappa}_1\leqslant-\frac{\kappa_1}{\tau_1}+\bar{N}_1 \tag{4.137}$$

式中：$\bar{N}_1=\max\{N_1(\cdot)\}$。

选择 Lyapunov 函数 V_1 为

$$V_1=\frac{1}{2}z_1^2+\frac{1}{2}\kappa_1^2+\frac{1}{2r_1}\tilde{\boldsymbol{\theta}}_1^{\mathrm{T}}\tilde{\boldsymbol{\theta}}_1+\frac{1}{2\bar{r}_1}\tilde{\varepsilon}_1^{\mathrm{T}}\tilde{\varepsilon}_1 \tag{4.138}$$

式中：$\tilde{\varepsilon}_1=\varepsilon_1^*-\hat{\varepsilon}_1$，其中 $\hat{\varepsilon}_1$ 为 ε_1^* 的估计值。

则函数 V_1 关于时间 t 的导数为

$$\begin{aligned}
\dot{V}_1=&\ z_1\dot{z}_1+\kappa_1\dot{\kappa}_1-\frac{1}{r_1}\tilde{\boldsymbol{\theta}}_1^{\mathrm{T}}\dot{\boldsymbol{\theta}}_1-\frac{1}{\bar{r}_1}\tilde{\varepsilon}_1^{\mathrm{T}}\dot{\hat{\varepsilon}}_1\\
\leqslant&\ z_1[z_2+\alpha_1+\boldsymbol{\theta}_1^{\mathrm{T}}\xi_1(\hat{\boldsymbol{x}}_1,\hat{x}_{2,f})+\tilde{\boldsymbol{\theta}}_1^{\mathrm{T}}\xi_1(\hat{\boldsymbol{x}}_1,\hat{x}_{2,f})-\dot{y}_r+e_2+\varepsilon_1+\Delta f_1]\\
&+\kappa_1\left(-\frac{\kappa_1}{\tau_1}+\bar{N}_1\right)-\frac{1}{r_1}\tilde{\boldsymbol{\theta}}_1^{\mathrm{T}}\dot{\boldsymbol{\theta}}_1-\frac{1}{\bar{r}_1}\tilde{\varepsilon}_1^{\mathrm{T}}\dot{\hat{\varepsilon}}_1\\
\leqslant&\ z_1[z_2+\bar{\alpha}_1+\boldsymbol{\theta}_1^{\mathrm{T}}\xi_1(\hat{\boldsymbol{x}}_1,\hat{x}_{2,f})+\tilde{\boldsymbol{\theta}}_1^{\mathrm{T}}\xi_1(\hat{\boldsymbol{x}}_1,\hat{x}_{2,f})-\dot{y}_r]+z_1(\kappa_1+e_2+\Delta f_1)\\
&+\kappa_1\left(-\frac{\kappa_1}{\tau_1}+\bar{N}_1\right)-\frac{1}{r_1}\tilde{\boldsymbol{\theta}}_1^{\mathrm{T}}\dot{\boldsymbol{\theta}}_1-\frac{1}{\bar{r}_1}\tilde{\varepsilon}_1^{\mathrm{T}}\dot{\hat{\varepsilon}}_1+|z_1|\varepsilon_1^*
\end{aligned} \tag{4.139}$$

根据定理 4.2，上式可变换为如下形式：

$$V_1 \leqslant z_1[z_2+\bar{\alpha}_1+\boldsymbol{\theta}_1^{\mathrm{T}}\boldsymbol{\xi}_1(\hat{\boldsymbol{x}}_1,\hat{x}_{2,f})+\widetilde{\boldsymbol{\theta}}_1^{\mathrm{T}}\xi_1(\hat{\boldsymbol{x}}_1,\hat{x}_{2,f})-\dot{y}_r]+z_1(\kappa_1+e_2+\Delta f_1)+\kappa_1\left(-\frac{\kappa_1}{\tau_1}+\bar{N}_1\right)-\frac{1}{r_1}\widetilde{\boldsymbol{\theta}}_1^{\mathrm{T}}\dot{\boldsymbol{\theta}}_1-\frac{1}{\bar{r}_1}\widetilde{\varepsilon}_1^{\mathrm{T}}\dot{\hat{\varepsilon}}_1+|z_1|\varepsilon_1^*$$

$$-z_1\varepsilon_1^*\tanh(z_1/\lambda_1)+z_1\varepsilon_1^*\tanh(z_1/\lambda_1)\leqslant z_1[z_2+\bar{\alpha}_1+\boldsymbol{\theta}_1^{\mathrm{T}}\xi_1(\hat{\boldsymbol{x}}_1,\hat{x}_{2,f})+\widetilde{\boldsymbol{\theta}}_1^{\mathrm{T}}\xi_1(\hat{\boldsymbol{x}}_1,\hat{x}_{2,f})-\dot{y}_r+\hat{\varepsilon}_1\tanh(z_1/\lambda_1)]$$

$$+z_1(\kappa_1+e_2+\Delta f_1)+\kappa_1\left(-\frac{\kappa_1}{\tau_1}+\bar{N}_1\right)-\frac{1}{r_1}\widetilde{\boldsymbol{\theta}}_1^{\mathrm{T}}\dot{\boldsymbol{\theta}}_1$$

$$+\frac{1}{\bar{r}_1}\widetilde{\varepsilon}_1^{\mathrm{T}}(\bar{r}_1z_1\tanh(z_1/\lambda_1)-\dot{\hat{\varepsilon}}_1)+\varepsilon_1^*\lambda' \tag{4.140}$$

同时根据 Young 不等式,得到如下所示的一些不等式:

$$z_1\kappa_1 \leqslant \frac{1}{2}z_1^2+\frac{1}{2}\kappa_1^2 \tag{4.141}$$

$$z_1e_2 \leqslant \frac{1}{2}z_1^2+\frac{1}{2}e_2^2 \leqslant \frac{1}{2}z_1^2+\frac{1}{2}\|\boldsymbol{e}\|^2 \tag{4.142}$$

$$z_1\Delta f \leqslant \frac{1}{2}z_1^2+\frac{1}{2}|\Delta f_1|^2 \leqslant \frac{1}{2}z_1^2+m_1^2\|\boldsymbol{e}\|^2+m_2^2\beta_{2,0}^2 \tag{4.143}$$

$$\kappa_1\bar{N}_1 \leqslant \frac{1}{2}\kappa_1^2+\frac{1}{2}(\bar{N}_1)^2 \tag{4.144}$$

将式(4.141)、式(4.142)、式(4.143)和式(4.144)式代入式(4.140)中,并整理合并得

$$V_1 \leqslant z_1[z_2+\bar{\alpha}_1+\boldsymbol{\theta}_1^{\mathrm{T}}\xi_1(\hat{\boldsymbol{x}}_1,\hat{x}_{2,f})-\dot{y}_r+\hat{\varepsilon}_1\tanh(z_1/\lambda_1)]+\frac{3}{2}z_1^2$$

$$+\left(m_1^2+\frac{1}{2}\right)\|\boldsymbol{e}\|^2+m_2^2\beta_{2,0}^2-\left(\frac{1}{\tau_1}-1\right)\kappa_1^2+\frac{1}{2}(\bar{N}_1)^2$$

$$+\frac{1}{r_1}\widetilde{\boldsymbol{\theta}}_1^{T}(\mathrm{r}_1\mathrm{z}_1\xi_1(\hat{\boldsymbol{x}}_1,\hat{x}_{2,f})-\dot{\boldsymbol{\theta}}_1)+\frac{1}{\bar{r}_1}\widetilde{\varepsilon}_1^{T}(\bar{\mathrm{r}}_1\mathrm{z}_1 tanh(\mathrm{z}_1/\lambda_1)-\dot{\hat{\varepsilon}}_1)+\varepsilon_1^*\lambda' \tag{4.145}$$

选取虚拟控制变量和参数的自适应律分别为

$$\bar{\alpha}_1=-c_1z_1-\boldsymbol{\theta}_1^{\mathrm{T}}\xi_1(\hat{\boldsymbol{x}}_1,\hat{x}_{2,f})+\dot{y}_r-\hat{\varepsilon}_1\tanh(z_1/\lambda_1) \tag{4.146}$$

$$
\begin{aligned}
\dot{\boldsymbol{\theta}}_1 &= \mathrm{proj}(r_1 z_1 \xi_1) \\
&= \begin{cases} r_1 z_1 \xi_1(\hat{x}_1, \hat{x}_{2,f}), \|\boldsymbol{\theta}_1\| < M_1 \text{ 或}(\|\boldsymbol{\theta}_1\| = M_1) \cap (r_1 z_1 \boldsymbol{\theta}_1^{\mathrm{T}} \xi_1 > 0) \\ r_1 z_1 \left(\xi_1(\hat{\boldsymbol{x}}_1, \hat{x}_{2,f}) - \dfrac{\widetilde{\boldsymbol{\theta}}_1^{\mathrm{T}} \boldsymbol{\theta}_1 \boldsymbol{\theta}_1^{\mathrm{T}}}{\|\boldsymbol{\theta}_1\|^2} \xi_1(\hat{\boldsymbol{x}}_1, \hat{x}_{2,f}) \right), \text{其他} \end{cases}
\end{aligned} \tag{4.147}
$$

$$
\dot{\hat{\varepsilon}} = \bar{r}_1 z_1 \tanh(z_1/\lambda_1) \tag{4.148}
$$

将式(4.146)、式(4.147)和式(4.148)代入式(4.145)中,得

$$
\dot{V}_1 \leqslant -\left(c_1 - \frac{3}{2}\right) z_1^2 + z_1 z_2 + M_1 - \left(\frac{1}{\tau_1} - 1\right) \kappa_1^2 \tag{4.149}
$$

式中 $M_1 = \dfrac{1}{2}(\overline{N}_1)^2 + \left(m_1^2 + \dfrac{1}{2}\right)\|\boldsymbol{e}\|^2 + m_2^2 \beta_{2,0}^2 + \varepsilon_1^* \lambda'$。

Step $\boldsymbol{i}$ $(2 \leqslant i \leqslant n)$:$z_i$ 关于时间 t 的导数为

$$
\begin{aligned}
\dot{z}_i &= \dot{\hat{x}}_i - \dot{\alpha}_{i-1} = \hat{x}_{i+1} + k_i e_1 + \theta_i^{\mathrm{T}} \xi_i(\hat{\boldsymbol{x}}_i, \hat{x}_{i+1,f}) - \dot{\alpha}_{i-1} \\
&= z_{i+1} + \alpha_i + \boldsymbol{\theta}_i^{\mathrm{T}} \xi_i(\hat{\boldsymbol{x}}_i, \hat{x}_{i+1,f}) - \dot{\alpha}_{i-1} + \widetilde{\boldsymbol{\theta}}_i^{\mathrm{T}} \xi_i(\hat{\boldsymbol{x}}_i, \hat{x}_{i+1,f}) + w_i
\end{aligned} \tag{4.150}
$$

式中:$w_i = \varepsilon_i - \delta_i$ 为模糊系统复合误差。

选取辅助虚拟控制变量 $\overline{\alpha}_i$,并通过如下所示的一阶滤波器:

$$
\tau_i \dot{\alpha}_i + \alpha_i = \overline{\alpha}_i, \alpha_i(0) = \overline{\alpha}_i(0)
$$

滤波误差 $\boldsymbol{\kappa}_i = \alpha_i - \overline{\alpha}_i$,对其求导,得

$$
\dot{\varepsilon}_i = \dot{\alpha}_i - \dot{\overline{\alpha}}_i = \frac{\overline{\alpha}_i - \alpha_i}{\tau_i} - \dot{\overline{\alpha}}_i \leqslant -\frac{\varepsilon_i}{\tau_i} + \overline{N}_i \tag{4.151}
$$

选择 Lyapunov 函数 V_i 为

$$
V_i = \frac{1}{2} z_i^2 + \frac{1}{2} \kappa_i^2 + \frac{1}{2 r_i} \widetilde{\boldsymbol{\theta}}_i^{\mathrm{T}} \widetilde{\boldsymbol{\theta}}_i + \frac{1}{2 \bar{r}_i} \widetilde{w}_i^{\mathrm{T}} \widetilde{w}_i \tag{4.152}
$$

式中:$\widetilde{w}_i = w_i^* - \hat{w}_i$。

则函数 V_i 关于时间 t 的导数,并将式(4.150)、式(4.151)代入,得

$$\dot{V}_i = z_i\dot{z}_i + \kappa_i\dot{\kappa}_i - \frac{1}{r_i}\tilde{\boldsymbol{\theta}}_i^{\mathrm{T}}\dot{\boldsymbol{\theta}}_i - \frac{1}{\bar{r}_i}\tilde{w}_i^{\mathrm{T}}\dot{\hat{w}}_i$$

$$\leqslant z_i[z_{i+1} + \bar{\alpha}_i + \kappa_i + k_ie_1 + \boldsymbol{\theta}_i^{\mathrm{T}}\boldsymbol{\xi}_i(\hat{\boldsymbol{x}}_i, \hat{x}_{i+1,f}) - \dot{\alpha}_{i-1} + \tilde{\boldsymbol{\theta}}_i^{\mathrm{T}}\boldsymbol{\xi}_i(\hat{\boldsymbol{x}}_i, \hat{x}_{i+1,f})]$$

$$+ |z_i|w_i^* - z_iw_i^*\tanh(z_i/\lambda_i) + z_iw_i^*\tanh(z_i/\lambda_i) - \frac{\kappa_i^2}{\tau_i} + \bar{N}_i\kappa_i - \frac{1}{r_i}\tilde{\boldsymbol{\theta}}_i^{\mathrm{T}}\dot{\boldsymbol{\theta}}_i$$

$$- \frac{1}{\bar{r}_i}\tilde{w}_i^{\mathrm{T}}\dot{\hat{w}}_i \tag{4.153}$$

根据定理 4.2 和 Young 不等式,式(4.153)可化为

$$\dot{V}_i \leqslant z_i[z_{i+1} + \bar{\alpha}_i + k_ie_1 + \boldsymbol{\theta}_i^{\mathrm{T}}\xi_i(\hat{\boldsymbol{x}}_i, \hat{x}_{i+1,f}) - \dot{\alpha}_{i-1} + \hat{w}_i\tanh(z_i/\lambda_i)]$$

$$+ \frac{1}{2}z_i^2 + \frac{1}{2}(\bar{N}_i)^2 - \left(\frac{1}{\tau_i} - 1\right)\kappa_i^2 + \frac{1}{r_i}\tilde{\boldsymbol{\theta}}_i^{\mathrm{T}}(r_iz_i\xi_i(\hat{\boldsymbol{x}}_i, \hat{x}_{i+1,f}) - \dot{\boldsymbol{\theta}}_i)$$

$$+ \frac{1}{\bar{r}_i}\tilde{\varepsilon}_i^{\mathrm{T}}(\bar{r}_iz_i\tanh(z_i/\lambda_i) - \dot{\hat{w}}_i) + w_i^*\lambda'_i \tag{4.154}$$

选取辅助虚拟控制变量 $\bar{\alpha}_i$ 和参数的自适应律如下:

$$\bar{\alpha}_i = -c_iz_i - z_{i-1} - k_ie_1 - \boldsymbol{\theta}_i^{\mathrm{T}}\xi_i(\hat{\boldsymbol{x}}_i, \hat{x}_{i+1,f}) + \dot{\alpha}_{i-1} - \hat{w}_i\tanh(z_i/\lambda_i) \tag{4.155}$$

$$\dot{\boldsymbol{\theta}}_i = \mathrm{proj}(r_iz_i\xi_i(\hat{\boldsymbol{x}}_i, \hat{x}_{i+1,f})) \tag{4.156}$$

$$\dot{\hat{w}}_i = \bar{r}_iz_i\tanh(z_i/\lambda_i) \tag{4.157}$$

将式(4.155)、式(4.156)和式(4.157)代入式(4.154)中,得

$$\dot{V}_i \leqslant -\left(c_i - \frac{1}{2}\right)z_i^2 - z_iz_{i-1} + z_iz_{i+1} + M_i - \left(\frac{1}{\tau_i} - 1\right)\kappa_i^2 \tag{4.158}$$

式中 $M_i = \frac{1}{2}(\bar{N}_i)^2 + w_i^*\lambda'_i$。

Step $\boldsymbol{n}$: 定义:

$$z_{n+1} = h(v) - \alpha_n \tag{4.159}$$

z_n 关于时间 t 的导数为

$$\dot{z}_n = \dot{\hat{x}}_n - \dot{\alpha}_{n-1} = k_n e_1 + \boldsymbol{\theta}_n^{\mathrm{T}} \xi_n(\hat{\boldsymbol{x}}_n, u_f) + z_{n+1} + \alpha_n - \dot{\alpha}_{n-1} \tag{4.160}$$

选取辅助虚拟控制变量 $\bar{\alpha}_n$，并通过如下所示的一阶滤波器：

$$\tau_n \dot{\alpha}_n + \alpha_n = \bar{\alpha}_n, \alpha_n(0) = \bar{\alpha}_n(0)$$

滤波误差 $\kappa_n = \alpha_n - \bar{\alpha}_n$，并对其求导，得

$$\dot{\kappa}_n = \dot{\alpha}_n - \dot{\bar{\alpha}}_n = \frac{\bar{\alpha}_n - \alpha_n}{\tau_n} - \dot{\bar{\alpha}}_n \leqslant -\frac{\kappa_n}{\tau_n} + \bar{N}_n \tag{4.161}$$

选择 Lyapunov 函数 V_n 为

$$V_n = \frac{1}{2} z_n^2 + \frac{1}{2} \kappa_n^2 + \frac{1}{2 r_n} \tilde{\boldsymbol{\theta}}_n^{\mathrm{T}} \tilde{\boldsymbol{\theta}}_n + \frac{1}{2 \bar{r}_n} \tilde{w}_n^{\mathrm{T}} \tilde{w}_n \tag{4.162}$$

则函数 V_n 关于时间 t 的导数，并将式(4.160)、式(4.161)代入得

$$\begin{aligned}
\dot{V}_n &= z_n \dot{z}_n + \kappa_n \dot{\kappa}_n - \frac{1}{r_n} \tilde{\boldsymbol{\theta}}_n^{\mathrm{T}} \dot{\boldsymbol{\theta}}_n - \frac{1}{\bar{r}_n} \tilde{w}_n^{\mathrm{T}} \dot{\hat{w}}_n \\
&\leqslant z_n [k_n e_1 + \boldsymbol{\theta}_n^{\mathrm{T}} \xi_n(\hat{\boldsymbol{x}}_n, u_f) + z_{n+1} + \bar{\alpha}_n - \dot{\alpha}_{n-1}] + z_n \kappa_n + | z_n | w_n^* \\
&\quad + \kappa_n \left(-\frac{\kappa_n}{\dot{\tau}_n} + \bar{N}_n \right) + \frac{1}{r_n} \tilde{\boldsymbol{\theta}}_n^{\mathrm{T}} (r_n z_n \xi_n(\hat{\boldsymbol{x}}_n, u_f) - \dot{\boldsymbol{\theta}}_n) - \frac{1}{\bar{r}_i} \tilde{w}_i^{\mathrm{T}} \dot{\hat{w}}_i
\end{aligned} \tag{4.163}$$

根据定理 4.2 和 Young 不等式，式(4.163)可转化为

$$\begin{aligned}
\dot{V}_n &\leqslant z_n [k_n e_1 + \boldsymbol{\theta}_n^{\mathrm{T}} \xi_n(\hat{\boldsymbol{x}}_n, u_f) + z_{n+1} + \bar{\alpha} - \dot{\alpha}_{n-1}] + z_n \kappa_n - z_n w_n^* \tanh(z_n / \lambda_n) \\
&\quad + z_n w_n^* \tanh(z_n / \lambda_n) + | z_n | w_n^* + \kappa_n \left(-\frac{\kappa_n}{\tau_n} + \bar{N}_n \right) + \frac{1}{r_n} \tilde{\boldsymbol{\theta}}_n^{\mathrm{T}} (r_n z_n \xi_n(\hat{\boldsymbol{x}}_n, u_f) \\
&\quad - \dot{\theta}_n) - \frac{1}{\bar{r}_i} \tilde{w}_i^{\mathrm{T}} \dot{\hat{w}}_i \leqslant z_n [k_n e_1 + \boldsymbol{\theta}_n^{\mathrm{T}} \xi_n(\hat{\boldsymbol{x}}_n, u_f) + z_{n+1} + \bar{\alpha}_n - \dot{\alpha}_{n-1} \\
&\quad + \hat{w}_n \tanh(z_n / \lambda_n)] + \frac{1}{2} z_n^2 - \left(\frac{1}{\tau_n} - 1 \right) \kappa_n^2 + \frac{1}{2} (\bar{N}_n)^2 + \\
&\quad \frac{1}{r_n} \tilde{\boldsymbol{\theta}}_n^{\mathrm{T}} (r_n z_n \xi_n(\hat{\boldsymbol{x}}_n, u_f) - \dot{\boldsymbol{\theta}}_n) + \frac{1}{\bar{r}_n} \tilde{w}_n^{\mathrm{T}} [\bar{r}_n z_n \tanh(z_n / \lambda_n) - \dot{\hat{w}}_n] + w_n^* \lambda'_n
\end{aligned} \tag{4.164}$$

选取辅助虚拟控制变量 $\bar{\alpha}_n$ 和参数的自适应律如下：

$$\bar{\alpha}_n = - c_n z_n - z_{n-1} - k_n e_1 - \boldsymbol{\theta}_n^{\mathrm{T}} \xi_n(\hat{\boldsymbol{x}}_n, u_f) + \dot{\alpha}_{n-1} - \hat{w}_n \tanh(z_n / \lambda_n) \tag{4.165}$$

$$\dot{\boldsymbol{\theta}}_n = \mathrm{proj}(r_n z_n \xi_n(\hat{\boldsymbol{x}}_n, u_f)) \tag{4.166}$$

$$\dot{\hat{w}}_n = \bar{r}_n z_n \tanh(z_n / \lambda_n) \tag{4.167}$$

将式(4.165)、式(4.166)和式(4.167)代入式(4.164)中,整理合并得

$$\dot{V}_n \leqslant - \left(c_n - \frac{1}{2}\right) z_n^2 - z_n z_{n-1} + z_n z_{n+1} + M_n - \left(\frac{1}{\tau_n} - 1\right) \kappa_n^2 \tag{4.168}$$

式中 $M_n = \frac{1}{2}(\bar{N}_n)^2 + w_n^* \lambda'_n$。

Step　$n+1$:定义:

$$\dot{v} = - cv + \omega \tag{4.169}$$

$$\omega = N(\chi)\bar{\omega} \tag{4.170}$$

$$\bar{\omega} = - c_{n+1} z_{n+1} - z_n + \zeta cv + \dot{\alpha}_n \tag{4.171}$$

$$\dot{\chi} = \gamma_\chi \bar{\omega} z_{n+1} \tag{4.172}$$

式中:$c > 0$,$\gamma_\chi > 0$ 为设计参数;$N(\chi) = \chi^2 \cos(\chi)$;$c_{n+1} > 0$;变量 $\zeta = \frac{\partial h(v)}{\partial v} = \frac{4}{(\mathrm{e}^{v/u_M} + \mathrm{e}^{-v/u_M})^2} > 0$。

中间变量 z_{n+1} 的动态特性为

$$\begin{aligned} \dot{z}_{n+1} &= \frac{\partial h(v)}{\partial v}\dot{v} - \dot{\alpha}_n = \zeta(- cv + \omega) - \dot{\alpha}_n = - \zeta cv + (\zeta N(\chi) - 1)\bar{\omega} - \dot{\alpha}_n + \bar{\omega} \\ &= - c_{n+1} z_{n+1} - z_n + (\zeta N(\chi) - 1)\bar{\omega} \end{aligned} \tag{4.173}$$

选择 Lyapunov 函数 V_{n+1} 为

$$V_{n+1} = \frac{1}{2} z_{n+1}^2 \tag{4.174}$$

则函数 V_{n+1} 关于时间 t 的导数为

$$\dot{V}_{n+1}=z_{n+1}\dot{z}_{n+1}=-c_{n+1}z_n^2-z_nz_{n+1}+\frac{1}{\gamma_\chi}(\zeta N(\chi)-1)\dot{\chi} \tag{4.175}$$

考虑到闭环系统所有信号的有界性，选择 Lyapunov 函数 V_{sum} 如下：

$$V_{\text{sum}}=\sum_{i=0}^{n+1}V_i=V_0+\sum_{i=1}^{n+1}\frac{1}{2}z_i^2+\sum_{i=1}^{n}\frac{1}{2}\left(\boldsymbol{\kappa}_i^2+\frac{1}{2r_i}\widetilde{\boldsymbol{\theta}}_i^{\mathrm{T}}\widetilde{\boldsymbol{\theta}}_i+\frac{1}{2\bar{r}_i}\widetilde{w}_i^{\mathrm{T}}\widetilde{w}_i\right) \tag{4.176}$$

式中 $\widetilde{w}_1=\widetilde{\varepsilon}_1$。

对函数 V_{sum} 求导，并结合式(4.149)、式(4.158)、式(4.168)和式(4.175)，整理合并，得

$$\begin{aligned}\dot{V}_{\text{sum}}\leqslant&-\left(r-m_1^2-\frac{1}{2}\right)\|\boldsymbol{e}\|^2-\left(c_1-\frac{3}{2}\right)z_1^2-\sum_{i=2}^{n}\left(c_i-\frac{1}{2}\right)z_i^2\\&-c_{n+1}z_{n+1}^2-\sum_{i=1}^{n}\left(\frac{1}{\tau_i}-1\right)\boldsymbol{\kappa}_i^2+\sum_{i=0}^{n}M_i\end{aligned} \tag{4.177}$$

取 $C=\min\left\{\left(r-m_1^2-\frac{1}{2}\right)/\lambda_{\max}(\boldsymbol{P}),2c_1-3,(2c_i-1)i=2,\cdots,n-1,2c_{n+1},\frac{2}{\tau_i}-2\right\}$；$M=\sum_{i=0}^{n}M_i$。

则式(4.177)可转化为

$$\dot{V}_{\text{sum}}\leqslant-CV_{\text{sum}}+M+\frac{1}{\gamma_\chi}(\zeta N(\chi)-1)\dot{\chi} \tag{4.178}$$

对式(4.178)进行积分，得

$$V_{\text{sum}}\leqslant V_{\text{sum}}(0)\mathrm{e}^{-Ct}+\frac{M}{C}(1-\mathrm{e}^{-Ct})+\frac{\mathrm{e}^{-Ct}}{\gamma_\chi}\int_0^t(\zeta N(\chi)\dot{\chi}-\dot{\chi})\mathrm{e}^{C\tau}\mathrm{d}\tau \tag{4.179}$$

根据引理 4.1 可得 $V_{\text{sum}}(\cdot)$ 和 $\chi(\cdot)$ 有界，且跟踪误差满足如下所示的不等式：

$$\frac{1}{2}|y-y_d|^2=\frac{1}{2}z_1^2\leqslant V_{\text{sum}}\Rightarrow|y-y_d|\leqslant\sqrt{2V_{\text{sum}}} \tag{4.180}$$

以上控制器的设计步骤如图 4.6 所示。

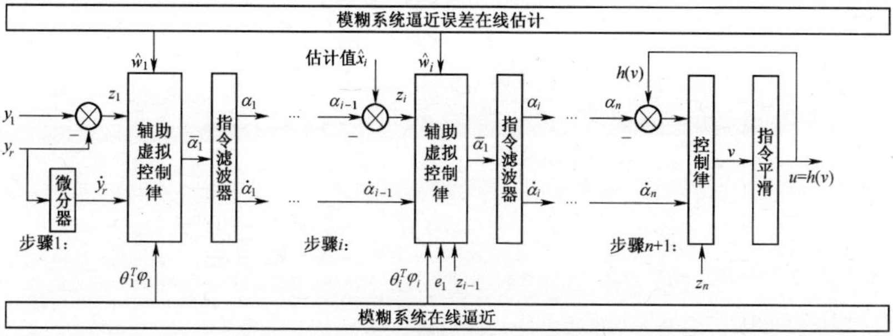

图 4.6　控制器设计框图

故根据以上控制器的设计过程和对闭环系统稳定性进行的分析证明,可以得到以下定理:

定理 4.4:对于满足假设 4.1 ~ 4.7 的输入受限非线性系统(4.118),设计模糊状态观测器(4.119),设计控制器(4.170),设计系统辅助虚拟控制变量(4.146)、(4.155)和(4.165),选取参数自适应律(4.147)、(4.148)、(4.156)、(4.157)、(4.166)和(4.167),则闭环系统所有信号半全局一致有界(SGUUB),观测误差和跟踪误差有界。

4.4.3　仿真分析

假设俯仰角测量传感器在飞行过程中出现故障,无法实现精确测量。故采用模糊状态观测器的控制方法。仿真环境同 4.3 节[120]。

文中设计的模糊状态观测器的设计参数为:$k_1 = 10, k_2 = 18$。

图 4.7 中表示为系统的攻角跟踪响应曲线,从图中可以看出,攻角能够实现对控制指令的稳定跟踪。图 4.8 中表示的是飞行器的舵偏响应曲线,虚线为舵输入指令,实线为舵偏角。在控制过程中舵偏角一直处于界限范围内。图 4.9 和图 4.10 分别为攻角和俯仰角速率的观测曲线,文中设计的模糊状态观测器能够实现很好地观测攻角的变化。由于系统中干扰的存在,且俯仰角速度的变化速率很快,模糊状态观测器对俯仰角速度的观测效果相对较差。但是系统依然能够实现对控制指令的稳定跟踪,这充分显示了控制系统的鲁棒性能。

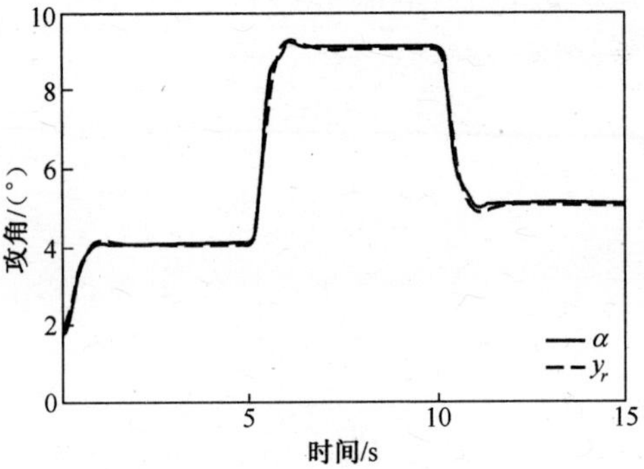

图 4.7　攻角跟踪

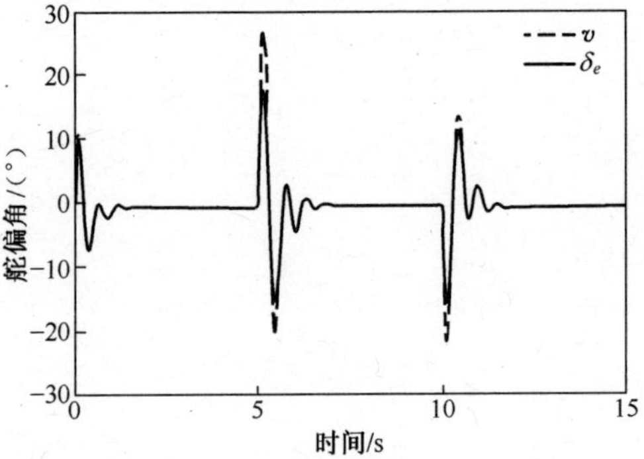

图 4.8　控制输入

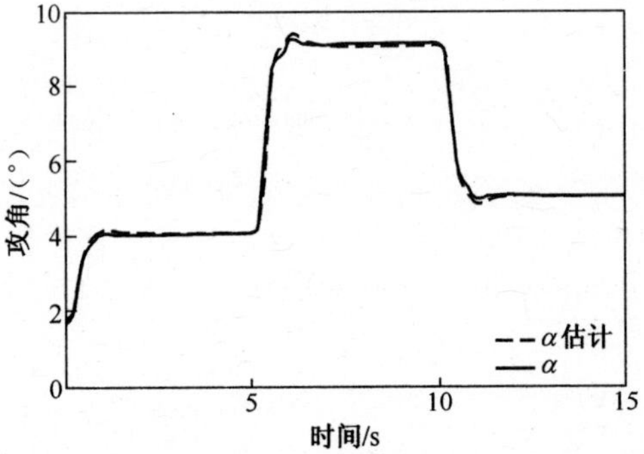

图 4.9　攻角观测曲线

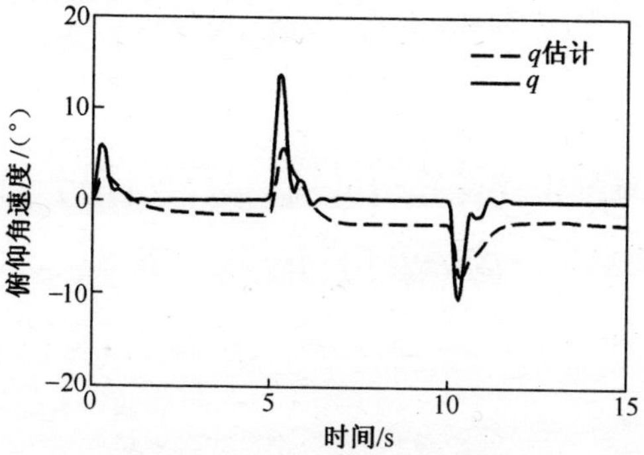

图 4.10　俯仰角速度观测曲线

4.5　小　　结

本章研究了在系统具有参数不确定性,外界干扰和控制输入受限情况下的鲁棒控制问题。在针对控制增益已知情况下,在控制器设计过程中需要一些关于增益函数的先验知识,比如函数及其导数在区间内的最值。这些都限制了控制算法的应用范围。紧接着本章针对控制增益未知情况下的控制问题进行研究,通过变换系统形式并采用 Butterworth 低通滤波器,可将系统等效为一个控制增益为 1 的系统,这对于控制器的设计带来了便利。最后针对不确定系统中含有的不可直接测量状态,运用一种模糊状态观测器进行在线估计,仿真结果验证了方法的有效性。

以上处理三种不同情况下的控制算法,具有很强的鲁棒性,对以上三种情况下的不确定性系统非常有效。但是在系统受限问题上仅仅局限于系统控制输入受限的情况下,而对于系统的输出范围和系统状态受限问题缺乏相应的研究。在高超声速飞行器飞行过程当中,系统的状态和输出量是需要控制在一定的约束范围的。所以在下面的研究中有必要对系统的输出受限和状态受限问题进行研究。

第5章 跟踪误差受限的自适应模糊反步控制

5.1 引　言

由于安全原因和环境等方面的因素,输出约束和状态约束广泛存在于实际的控制系统中,高超声速飞行器在飞行的过程当中,也同样会面临这样的境况。现有的处理状态约束与输出约束的方法主要有设定值调节、模型预测控制以及利用不变集的概念。其他方法还包括极值搜索控制、无超调控制以及误差变换等[121]。

近年来,基于构造约束 Lyapunov 函数(BLF)方法和可规定性能技术(Prescribed Performance)的具有输出约束和状态约束的非线性系统的研究取得了很大的发展[122, 123]。文献[123]的控制方法研究了状态约束系统,同时也应用于输出约束系统的研究,如严格反馈形式的输出约束系统和输出反馈形式的输出约束系统[124, 125]。可规定性能技术主要针对具有动态输出约束条件情况下的系统控制研究。尽管以上这些对状态约束和输出约束已经取得了一些研究成果,但是研究成果还不是很成熟,主要表现为以下几点:

(1) 对状态的约束仅仅局限于状态跟踪虚拟控制输入有界,不能很直观地限定范围;

(2) 在控制过程当中未充分考虑执行器的动态特性;

(3) 研究的系统非常有限,针对于纯反馈系统而言,也仅仅局限于控制增益为1或者控制增益方向已知的系统。

本章主要围绕输出(跟踪误差)受限和状态受限条件下,并充分考虑执行器的动态特性情况下系统的鲁棒控制问题开展研究。

5.2 基于约束 Lyapunov 函数的跟踪误差受限的自适应模糊反步控制

5.2.1 约束 Lyapunov 函数

定义 5.1[124]:对于定义在开区间上的系统 $\dot{\boldsymbol{x}}=f(\boldsymbol{x})$, 函数在区间内连续正定且具有一阶导数。如果定义的 Lyapunov 函数 $V(\boldsymbol{x})$ 满足:(1)当 $\boldsymbol{x}$ 趋向于 $\boldsymbol{D}$ 的边界时, $V(\boldsymbol{x})\to\infty$;(2)如果 $\boldsymbol{x}(0)\in\boldsymbol{D}$, 存在正常数 b ,使得 $V(\boldsymbol{x}(t))\leqslant b$ 成立。则称 $V(\boldsymbol{x})$ 为约束 Lyapunov 函数(Barrier Lyapunov Funcion, BLF)。

定理 5.1[124]:对于任意的正常数 k_{b1} ,假设集合 $\boldsymbol{Z}_1:=\{z_1\in\mathbf{R}:|z_1|<k_{b1}\}\subset\boldsymbol{R},\boldsymbol{N}:=\mathbf{R}^l\times\boldsymbol{Z}_1\subset\boldsymbol{R}^{l+1}$ 为开区间。考虑系统 $\dot{\boldsymbol{\eta}}=\boldsymbol{h}(t,\boldsymbol{\eta})$, $\boldsymbol{\eta}=[w,z_1]^{\mathrm{T}}$ 为状态变量,函数 $\boldsymbol{h}:\mathbf{R}_+\times\boldsymbol{N}\to\mathbf{R}^{l+1}$ 为分段连续的并满足局部 Lipschitz 条件。如果存在各自定义域内连续可微且正定的函数 $U:\mathbf{R}^l\to\mathbf{R}_+$, $V_1:\boldsymbol{Z}_1\to\mathbf{R}_+$, 并符合下式:

$$当\ |z_1|\to k_{b1}\ 时,\ V_1(z_1)\to\infty$$

$$\beta_1(\|w\|)\leqslant U(w)\leqslant\beta_2(\|w\|)$$

式中:β_1 和 β_2 为 K_∞ 类函数。令函数 $V(\eta)=V_1(z_1)+U(w)$, $z_1(0)\in\boldsymbol{Z}_1$,如果下列所示的不等式成立:

$$\dot{V}=\frac{\partial V}{\partial\eta}\boldsymbol{h}\leqslant-\mu V+\lambda \tag{5.1}$$

式中:$\boldsymbol{\eta}\in\boldsymbol{N}$, μ 和 λ 均为正常数,则 $\forall t\in[0,\infty)$,状态量 w 有界且 $z_1(t)\in\boldsymbol{Z}_1$。

这里选用如下所示的约束 Lyapunov 函数:

$$V_1=\frac{1}{2}\ln\frac{k_{b1}^2}{k_{b1}^2-z_1^2} \tag{5.2}$$

式中:$\ln(\cdot)$ 为自然对数函数。

定理 5.2: $\forall k_{b1}\in\mathbf{R}^+$,对于满足区间 $|z_1|<k_{b1}$ 的所有 z_1 使得如下所示的不等式成立:

$$\ln \frac{k_{b1}^2}{k_{b1}^2 - z_1^2} < \frac{z_1^2}{k_{b1}^2 - z_1^2} \tag{5.3}$$

本节的控制目标是设计自适应控制方案,能够在输入和跟踪误差均受限的情况下,系统可以跟踪参考输入信号,且闭环系统所有信号半全局一致稳定。

5.2.2 控制器设计

通过引入 Butterworth 低通滤波器后,系统式(4.1)等效为如下形式:

$$\begin{cases} \dot{x}_i = f_i{}'(\boldsymbol{x}_i, x_{i+1,f}) + x_{i+1} + \Delta f_i \\ \dot{x}_n = f_n'(\boldsymbol{x}_n, u_f) + h(v) + \bar{d} + \Delta f_n \\ y = x_1 \end{cases} \tag{5.4}$$

式中函数,变量明确含义详见 4.3 节。

考虑到系统满足假设 4.1~4.6,下面将对输入受限和跟踪误差受限控制器进行设计。

Step 1:定义:

$$z_1 = y - y_r, z_i = x_i - \alpha_{i-1} \tag{5.5}$$

式中:α_{i-1} 为虚拟控制变量,具体形式由下文给出。

考虑系统中的第一个子系统,选择辅助虚拟控制变量如下:

$$\bar{\alpha}_1 = - c_1 z_1 - \boldsymbol{\theta}_1^{\mathrm{T}} \boldsymbol{\varphi}_1(x_1, x_{2,f}) + \dot{y}_r - \frac{z_1}{(k_{b1}^2 - z_1^2)} - \hat{\varepsilon}_1 \tanh\left(\frac{z_1}{\lambda_1(k_{b1}^2 - z_1^2)}\right) \tag{5.6}$$

式中:$c_1 \in \boldsymbol{N}_0$ 为设计参数;$\boldsymbol{\theta}_1$ 为针对函数 $f_1'(\boldsymbol{x}_1, x_{2,f})$ 建立的模糊系统的自由参数;$\hat{\varepsilon}_1$ 为对模糊系统逼近误差的估计值。选择自由参数 $\boldsymbol{\theta}_1$,估计值 $\hat{\varepsilon}_1$ 的自适应律如下:

$$\dot{\boldsymbol{\theta}}_1 = \boldsymbol{\sigma}_{11} \boldsymbol{\varphi}_1(x_1, x_{2,f}) \frac{z_1}{(k_{b1}^2 - z_1^2)} - \bar{\boldsymbol{\sigma}}_{11} \boldsymbol{\theta}_1 \tag{5.7}$$

$$\dot{\hat{\varepsilon}}_1 = \boldsymbol{\sigma}_{12} \frac{z_1}{(k_{b1}^2 - z_1^2)} \tanh\left(\frac{z_1}{\lambda_1(k_{b1}^2 - z_1^2)}\right) - \bar{\boldsymbol{\sigma}}_{12} \hat{\varepsilon}_1 \tag{5.8}$$

式中采用 $\bar{\sigma}$ -修正法来抑制自适应参数的漂移[43]，σ_{11}，$\bar{\sigma}_{11}$，σ_{12}，$\bar{\sigma}_{12} \in \mathbf{R}^+$ 为选择的自适应增益。

为防止虚拟控制指令的反复求导而带来的“计算膨胀”问题,将虚拟控制变量 $\bar{\alpha}_1$ 通过如下所示的一阶低通滤波器,进行指令滤波:

$$\tau_1\dot{\alpha}_1 + \alpha_1 = \bar{\alpha}_1, \alpha_1(0) = \bar{\alpha}_1(0)$$

式中 $\tau_1 \in \mathbf{R}^+$ 为常数。

Step *i*:设计虚拟控制信号 $\alpha_i(i < n)$，考虑到第 i 个子系统,设计第 i 个子系统的虚拟控制信号为:

$$\bar{\alpha}_i = - c_i z_i - z_{i-1} - \boldsymbol{\theta}_i^{\mathrm{T}}\boldsymbol{\varphi}_i(\boldsymbol{x}_i, x_{i+1,f}) + \dot{\alpha}_{i-1} - \hat{\varepsilon}_i \tanh(z_i/\lambda_i) \tag{5.9}$$

式中: $c_i, \lambda_i \in \mathbf{R}^+$ 为常数。选择自由参数 $\boldsymbol{\theta}_i$ 和模糊系统逼近误差的估计值 $\hat{\varepsilon}_i$ 的自适应律如下:

$$\dot{\boldsymbol{\theta}}_i = \sigma_{i1} z_i \boldsymbol{\varphi}_i(\boldsymbol{x}_i, x_{i+1,f}) - \bar{\sigma}_{i1}\boldsymbol{\theta}_i \tag{5.10}$$

$$\dot{\hat{\varepsilon}}_i = \sigma_{i2} z_i \tanh(z_i/\lambda_i) - \bar{\sigma}_{i2}\hat{\varepsilon}_i \tag{5.11}$$

式中: σ_{i1}，σ_{i2}，$\bar{\sigma}_{i1}$，$\bar{\sigma}_{i2} \in \mathbf{R}^+$ 为常数。

当 $i = 2$ 时,选取辅助虚拟控制变量为

$$\bar{\alpha}_2 = - c_2 z_2 - \frac{z_1}{(k_{b1}^2 - z_1^2)} - \boldsymbol{\theta}_2^{\mathrm{T}}\boldsymbol{\varphi}_2(x_2, x_{3,f}) + \dot{\alpha}_1 - \hat{\varepsilon}_2 \tanh(z_2/\lambda_2) \tag{5.12}$$

将辅助虚拟控制变量通过如下所示的一阶滤波器:

$$\tau_i\dot{\alpha}_i + \alpha_i = \bar{\alpha}_i, \quad \alpha_i(0) = \bar{\alpha}_i(0)$$

Step *n*:定义:

$$z_{n+1} = h(v) - \alpha_n \tag{5.13}$$

考虑第 n 个子系统,类似于步骤 i，选取虚拟控制变量为

$$\bar{\alpha}_n = - c_n z_n - z_{n-1} - \boldsymbol{\theta}_n^{\mathrm{T}}\boldsymbol{\varphi}_n(\boldsymbol{x}_n, u_f) + \dot{\alpha}_{n-1} - \hat{\varepsilon}_n \tanh(z_n/\lambda_n) \tag{5.14}$$

式中: $c_n, \lambda_n \in \mathbf{R}^+$ 为常数,选择自由参数 $\boldsymbol{\theta}_n$ 和估计值 ε_n 的自适应律

分别为

$$\dot{\boldsymbol{\theta}}_n = \sigma_{n1} z_n \boldsymbol{\varphi}_n(\boldsymbol{x}_n, u_f) - \bar{\sigma}_{n1} \boldsymbol{\theta}_n \tag{5.15}$$

$$\dot{\hat{\varepsilon}}_n = \sigma_{n2} z_n \tanh(z_n / \lambda_n) - \bar{\sigma}_{n2} \hat{\varepsilon}_n \tag{5.16}$$

式中：σ_{n1}，σ_{n2}，$\bar{\sigma}_{n1}$，$\bar{\sigma}_{n2} \in \mathbf{R}^+$ 为常数。

将设计得到的辅助虚拟控制变量通过如下所示的一阶低通滤波器：

$$\tau_n \dot{\alpha}_n + \alpha_n = \bar{\alpha}_n, \alpha_n(0) = \bar{\alpha}_n(0)$$

Step *n*+1：文中采用 Nussbaum 增益函数和具有光滑特性的双曲正切函数对输入受限问题进行处理。选取如下所示的控制律：

$$\dot{v} = -cv + \omega \tag{5.17}$$

$$\omega = N(\chi)\bar{\omega} \tag{5.18}$$

$$\bar{\omega} = -c_{n+1} z_{n+1} - z_n + \xi cv + \dot{\alpha}_n \tag{5.19}$$

$$\dot{\chi} = \gamma_\chi \bar{\omega} z_{n+1} \tag{5.20}$$

式中：c，c_{n+1}，$\gamma_\chi \in \mathbf{R}^+$ 为设计参数；$N(\chi) = \chi^2 \cos(\chi)$；变量 $\xi = \dfrac{\partial h(v)}{\partial v} = \dfrac{4}{(\mathrm{e}^{v/u_M} + \mathrm{e}^{-v/u_M})^2} > 0$。

根据以上设计步骤，可以设计出满足输入、跟踪误差均受限条件下的自适应模糊控制器。

5.2.3 稳定性分析

跟踪误差动态特性分析：

$$\begin{aligned}\dot{z}_1 &= \dot{x}_1 - \dot{y}_r = x_2 + f'_1(x_1, x_2) - \dot{y}_r = x_2 + f'_1(x_1, x_{2,f}) - \dot{y}_r + \Delta f'_1 \\ &= z_2 + \alpha_1 + f'_1(x_1, x_{2,f}) - \dot{y}_r + \Delta f'_1\end{aligned} \tag{5.21}$$

定义一阶低通滤波器的滤波误差为

$$\kappa_1 = \alpha_1 - \bar{\alpha}_1$$

依据文献[67]，存在某一区间的连续函数，使得 $-\dot{\alpha} \leqslant N_1(\cdot)$ 成立，且根据连续函数的性质可知，函数 $N_1(\cdot)$ 存在最大值。设

$\max(N_1(\cdot)) = \bar{N}_1$，则有

$$\dot{\kappa}_1 = \dot{\alpha}_1 - \dot{\bar{\alpha}}_1 \leqslant \frac{\bar{\alpha}_1 - \alpha_1}{\tau_1} - \dot{\bar{\alpha}}_1 \leqslant -\frac{\kappa_1}{\tau_1} + \bar{N}_1 \tag{5.22}$$

根据式(5.22)，式(5.21)可变换为

$$\begin{aligned}\dot{z}_1 &= z_2 + \bar{\alpha}_1 + \kappa_1 + f'_1(x_1, x_{2,f}) - \dot{y}_r + \Delta f'_1 \\ &= -c_1 z_1 + z_2 + \kappa_1 + \tilde{\boldsymbol{\theta}}_1^{\mathrm{T}} \boldsymbol{\varphi}_1 + \varepsilon_1 - \frac{z_1}{(k_{b1}^2 - z_1^2)} - \hat{\varepsilon}_1 \tanh\left(\frac{z_1}{\lambda_1 (k_{b1}^2 - z_1^2)}\right) + \Delta f'_1\end{aligned} \tag{5.23}$$

同理可得到

$$\dot{z}_i = -c_i z_i - z_{i-1} + z_{i+1} + \kappa_i + \tilde{\boldsymbol{\theta}}_i^{\mathrm{T}} \boldsymbol{\varphi}_i + \varepsilon_i - \hat{\varepsilon}_i \tanh(z_i / \lambda_i) + \Delta f'_i \tag{5.24}$$

当 $i = 2$ 时，

$$\dot{z}_2 = -c_2 z_2 - \frac{z_1}{(k_{b1}^2 - z_1^2)} + z_3 + \kappa_2 + \tilde{\boldsymbol{\theta}}_2^{\mathrm{T}} \boldsymbol{\varphi}_2 + \varepsilon_2 - \hat{\varepsilon}_2 \tanh(z_2 / \lambda_2) \tag{5.25}$$

滤波误差为

$$\dot{\kappa}_i = \dot{\alpha}_i - \dot{\bar{\alpha}}_i \leqslant -\frac{\kappa_i}{\tau_i} + \bar{N}_i \tag{5.26}$$

当 $i = n$ 时，

$$\dot{z}_n = -c_n z_n - z_{n-1} + z_{n+1} + \kappa_n + \tilde{\boldsymbol{\theta}}_n^{\mathrm{T}} \boldsymbol{\varphi}_n + \varepsilon_n - \hat{\varepsilon}_n \tanh(z_n / \lambda_n) \tag{5.27}$$

滤波误差为

$$\dot{\kappa}_n = \dot{\alpha}_n - \dot{\bar{\alpha}}_n \leqslant -\frac{\kappa_n}{\tau_n} + \bar{N}_n \tag{5.28}$$

引入的辅助误差变量 z_{n+1} 的动态特性为

$$\begin{aligned}\dot{z}_{n+1} &= \frac{\partial h(v)}{\partial v} \dot{v} - \dot{\alpha}_n = \xi(-cv + \omega) - \dot{\alpha}_n = -\xi cv + (\xi N(\chi) - 1)\bar{\omega} - \dot{\alpha}_n + \bar{\omega} \\ &= -c_{n+1} z_{n+1} - z_n + (\xi N(\chi) - 1)\bar{\omega}\end{aligned} \tag{5.29}$$

下面进行 Lyapunov 稳定性分析。考虑如下所示的 Lyapunov 函数：

$$V=\frac{1}{2}\left[\ln\frac{k_{b1}^2}{k_{b1}^2-z_1^2}+\sum_{i=2}^{n}z_i^{\mathrm{T}}z_i+\sum_{i=1}^{n}(\widetilde{\boldsymbol{\theta}}_i^{\mathrm{T}}\boldsymbol{\sigma}_{i1}^{-1}\widetilde{\boldsymbol{\theta}}_i+\boldsymbol{\kappa}_i^{\mathrm{T}}\boldsymbol{\kappa}_i+\widetilde{w}_i^{\mathrm{T}}\boldsymbol{\sigma}_{i2}^{-1}\widetilde{w}_i)\right] \tag{5.30}$$

函数 V 关于时间 t 的导数为

$$\begin{aligned}\dot{V}&=\frac{z_1}{(k_{b1}^2-z_1^2)}\dot{z}_1+\sum_{i=2}^{n}z_i^{\mathrm{T}}\dot{z}_i-\sum_{i=1}^{n}\widetilde{\boldsymbol{\theta}}_i^{\mathrm{T}}\boldsymbol{\sigma}_{i1}^{-1}\dot{\hat{\boldsymbol{\theta}}}_i+\sum_{i=1}^{n}\boldsymbol{\kappa}_i^{\mathrm{T}}\dot{\boldsymbol{\kappa}}_i-\sum_{i=1}^{n}\widetilde{\boldsymbol{\varepsilon}}_i^{\mathrm{T}}\boldsymbol{\sigma}_{i2}^{-1}\dot{\hat{\boldsymbol{\varepsilon}}}_i\\&=\frac{z_1}{(k_{b1}^2-z_1^2)}\left[-c_1z_1+z_2+\widetilde{\boldsymbol{\theta}}_1^{\mathrm{T}}\boldsymbol{\varphi}_1+\boldsymbol{\kappa}_1+\boldsymbol{\varepsilon}_1-\frac{z_1}{(k_{b1}^2-z_1^2)}\right.\\&\quad\left.-\hat{w}_1\tanh\left(\frac{z_1}{\lambda_1(k_{b1}^2-z_1^2)}\right)+\Delta f'_1\right]+\sum_{i=2}^{n}z_i^{\mathrm{T}}\dot{z}_i-\sum_{i=1}^{n}\widetilde{\boldsymbol{\theta}}_i^{\mathrm{T}}\boldsymbol{\sigma}_{i1}^{-1}\dot{\hat{\boldsymbol{\theta}}}_i\\&\quad+\sum_{i=1}^{n}\boldsymbol{\kappa}_i^{\mathrm{T}}\dot{\boldsymbol{\kappa}}_i-\sum_{i=1}^{n}\widetilde{\boldsymbol{\varepsilon}}_i^{\mathrm{T}}\boldsymbol{\sigma}_{i2}^{-1}\dot{\hat{\boldsymbol{\varepsilon}}}_i\end{aligned} \tag{5.31}$$

根据 Young 不等式，可得

$$\frac{z_1}{(k_{b1}^2-z_1^2)}\boldsymbol{\kappa}_1\leqslant\frac{1}{2}\boldsymbol{\varepsilon}_1^2+\frac{z_1^2}{2\,(k_{b1}^2-z_1^2)^2} \tag{5.32}$$

$$\frac{z_1}{(k_{b1}^2-z_1^2)}\Delta f'_1\leqslant\frac{z_1^2}{2\,(k_{b1}^2-z_1^2)^2}+\frac{1}{2}|\Delta f'_1|^2\leqslant\frac{z_1^2}{2\,(k_{b1}^2-z_1^2)^2}+L_1^2\beta_{2,0}^2 \tag{5.33}$$

将式(5.32)、式(5.33)代入式(5.31)中，得

$$\begin{aligned}\dot{V}&\leqslant\dot{V}_0+\frac{z_1}{(k_{b1}^2-z_1^2)}\left(-c_1z_1+z_2+\widetilde{\boldsymbol{\theta}}_1^{\mathrm{T}}\boldsymbol{\varphi}_1+\boldsymbol{\varepsilon}_1-\hat{\boldsymbol{\varepsilon}}_1\tanh\left(\frac{z_1}{\lambda_1(k_{b1}^2-z_1^2)}\right)\right)\\&\quad+m_2^2\beta_{2,0}^2+\frac{1}{2}\boldsymbol{\kappa}_1^2+\sum_{i=2}^{n}z_i^{\mathrm{T}}\dot{z}_i-\sum_{i=1}^{n}\widetilde{\boldsymbol{\theta}}_i^{\mathrm{T}}\boldsymbol{\sigma}_{i1}^{-1}\dot{\hat{\boldsymbol{\theta}}}_i+\sum_{i=1}^{n}\boldsymbol{\kappa}_i^{\mathrm{T}}\dot{\boldsymbol{\kappa}}_i-\\&\quad\sum_{i=1}^{n}\widetilde{\boldsymbol{\varepsilon}}_i^{\mathrm{T}}\boldsymbol{\sigma}_{i2}^{-1}\dot{\hat{\boldsymbol{\varepsilon}}}_i\\&\leqslant\dot{V}_0+\frac{z_1}{(k_{b1}^2-z_1^2)}\left(-c_1z_1+z_2+\widetilde{\boldsymbol{\theta}}_1^{\mathrm{T}}\boldsymbol{\varphi}_1-\hat{\boldsymbol{\varepsilon}}_1\tanh\left(\frac{z_1}{\lambda_1(k_{b1}^2-z_1^2)}\right)\right)\end{aligned}$$

$$+\left|\frac{z_1}{(k_{b1}^2-z_1^2)}\right|w_1^*-\frac{z_1}{(k_{b1}^2-z_1^2)}w_1^*\tanh\left(\frac{z_1}{\lambda_1(k_{b1}^2-z_1^2)}\right)$$

$$+\frac{z_1}{(k_{b1}^2-z_1^2)}w_1^*\tanh\left(\frac{z_1}{\lambda_1(k_{b1}^2-z_1^2)}\right)+m_2^2\beta_{2,0}^2+\frac{1}{2}\varepsilon_1^2+\sum_{i=2}^n z_i^{\mathrm{T}}\dot{z}_i$$

$$-\sum_{i=1}^n\tilde{\boldsymbol{\theta}}_i^{\mathrm{T}}\sigma_{i1}^{-1}\dot{\hat{\boldsymbol{\theta}}}_i+\sum_{i=1}^n\boldsymbol{\kappa}_i^{\mathrm{T}}\dot{\boldsymbol{\kappa}}_i-\sum_{i=1}^n\tilde{\varepsilon}_i^{\mathrm{T}}\sigma_{i2}^{-1}\dot{\hat{\varepsilon}}_i \tag{5.34}$$

根据定理 5.2,参数自适应律(5.7)和(5.8),式(5.34)可变换为

$$\dot{V}\leqslant\dot{V}_0+\frac{z_1}{(k_{b1}^2-z_1^2)}(-c_1z_1+z_2)+\sum_{i=2}^n z_i^{\mathrm{T}}\dot{z}_i-\sum_{i=2}^n\tilde{\boldsymbol{\theta}}_i^{\mathrm{T}}\sigma_{i1}^{-1}\dot{\hat{\boldsymbol{\theta}}}_i+\sum_{i=1}^n\boldsymbol{\kappa}_i^{\mathrm{T}}\dot{\boldsymbol{\kappa}}_i$$

$$-\sum_{i=2}^n\tilde{\varepsilon}_i^{\mathrm{T}}\sigma_{i2}^{-1}\dot{\hat{\varepsilon}}_i+\frac{\bar{\sigma}_{11}}{\sigma_{11}}\tilde{\boldsymbol{\theta}}_1^{\mathrm{T}}\boldsymbol{\theta}_1+\frac{\bar{\sigma}_{12}}{\sigma_{12}}\tilde{\varepsilon}_1^{\mathrm{T}}\hat{\varepsilon}_1+\varepsilon_1^*\lambda'_1+m_2^2\beta_{2,0}^2+\frac{1}{2}\boldsymbol{\kappa}_1^2 \tag{5.35}$$

同理,依据误差变量 $z_i(i=2,\cdots,n)$ 的动态特性,自由参数 θ_i 以及逼近误差估计值 $\hat{\varepsilon}_i$ 的自适应律,可以得到

$$\dot{V}\leqslant\frac{z_1}{(k_{b1}^2-z_1^2)}(-c_1z_1+z_2)-\left(c_2-\frac{1}{2}\right)z_2^2-\frac{z_1z_2}{(k_{b1}^2-z_1^2)}+z_2z_3$$

$$+\sum_{i=3}^n\left[-\left(c_i-\frac{1}{2}\right)z_i-z_{i-1}+z_{i+1}\right]z_i+\sum_{i=1}^n\left(\frac{\bar{\sigma}_{i1}}{\sigma_{i1}}\tilde{\boldsymbol{\theta}}_i^{\mathrm{T}}\boldsymbol{\theta}_i+\frac{\bar{\sigma}_{i2}}{\sigma_{i2}}\tilde{\varepsilon}_i^{\mathrm{T}}\hat{\varepsilon}_i\right)$$

$$+\sum_{i=1}^n\left(\varepsilon_i^*\lambda'_i+\frac{1}{2}\boldsymbol{\kappa}_i^2\right)+\sum_{i=2}^{n+1}m_i^2\beta_{i,0}^2+z_{n+1}\dot{z}_{n+1}+\sum_{i=1}^n\boldsymbol{\kappa}_i^{\mathrm{T}}\dot{\boldsymbol{\kappa}}_i \tag{5.36}$$

根据引入的辅助误差变量 z_{n+1} 和滤波误差 $\boldsymbol{\kappa}_i$ 的动态特性,可将上式整理合并为

$$\dot{V}\leqslant-\frac{c_1z_1^2}{(k_{b1}^2-z_1^2)}-\sum_{i=1}^n\left(c_i-\frac{1}{2}\right)z_i^2-c_{n+1}z_{n+1}^2-\sum_{i=1}^n\left(\frac{1}{\tau_i}-1\right)\boldsymbol{\kappa}_i^2$$

$$+\sum_{i=1}^n\left(\frac{\bar{\sigma}_{i1}}{\sigma_{i1}}\tilde{\boldsymbol{\theta}}_i^{\mathrm{T}}\boldsymbol{\theta}_i+\frac{\bar{\sigma}_{i2}}{\sigma_{i2}}\tilde{\varepsilon}_i^{\mathrm{T}}\hat{\varepsilon}_i\right)+\sum_{i=1}^n\left(\varepsilon_i^*\lambda'_i+\frac{1}{2}\boldsymbol{\kappa}_i^2+\frac{1}{2}(\bar{N}_i)^2\right)$$

$$+\sum_{i=2}^{n+1}m_i^2\beta_{i,0}^2+\frac{1}{\gamma_\chi}(\xi N(\chi)-1)\dot{\chi} \tag{5.37}$$

根据 Young 不等式，可以得到

$$\frac{\bar{\sigma}_{i1}}{\sigma_{i1}}\tilde{\boldsymbol{\theta}}_i^{\mathrm{T}}\boldsymbol{\theta}_i=\frac{\bar{\sigma}_{i1}}{\sigma_{i1}}\tilde{\boldsymbol{\theta}}_i^{\mathrm{T}}(-\tilde{\boldsymbol{\theta}}_i^{\mathrm{T}}+\boldsymbol{\theta}_i^*)\leqslant-\frac{\bar{\sigma}_{i1}}{2\sigma_{i1}}\|\tilde{\boldsymbol{\theta}}_i\|^2+\frac{\bar{\sigma}_{i1}}{2\sigma_{i1}}\|\boldsymbol{\theta}_i^*\|^2 \tag{5.38}$$

$$\frac{\bar{\sigma}_{i2}}{\sigma_{i2}}\tilde{\varepsilon}_i^{\mathrm{T}}\hat{\varepsilon}_i=\frac{\bar{\sigma}_{i2}}{\sigma_{i2}}\tilde{\varepsilon}_i^{\mathrm{T}}(-\tilde{\varepsilon}_i+\varepsilon_i^*)\leqslant-\frac{\bar{\sigma}_{i2}}{2\sigma_{i2}}\|\tilde{\varepsilon}_i\|^2+\frac{\bar{\sigma}_{i2}}{2\sigma_{i2}}\|\varepsilon_i^*\|^2 \tag{5.39}$$

依据文献[43]，理想参数$\boldsymbol{\theta}_{\mathrm{i}}^*$ 满足 $\|\boldsymbol{\theta}_i^*\|\leqslant\theta_i^M$，$\theta_i^M\in\mathbf{R}^+$ 为有界常数。

将式(5.38)和式(5.39)代入式(5.37)中，得

$$\begin{aligned}\dot{V}\leqslant&-\frac{c_1z_1^2}{(k_{b1}^2-z_1^2)}-\sum_{i=1}^{n}\left(c_i-\frac{1}{2}\right)z_i^2-c_{n+1}z_{n+1}^2-\sum_{i=1}^{n}\left(\frac{1}{\tau_i}-1\right)\kappa_i^2\\&-\sum_{i=1}^{n}\left(\frac{\bar{\sigma}_{i1}}{2\sigma_{i1}}\|\tilde{\boldsymbol{\theta}}_i\|^2+\frac{\bar{\sigma}_{i2}}{2\sigma_{i2}}\|\tilde{\varepsilon}_i\|^2\right)+\sum_{i=1}^{n}\left(\frac{\bar{\sigma}_{i1}}{2\sigma_{i1}}(\theta_i^M)^2+\frac{\bar{\sigma}_{i2}}{2\sigma_{i2}}\|\varepsilon_i^*\|^2\right)\\&+\sum_{i=1}^{n}\left(\varepsilon_i^*\lambda'_i+\frac{1}{2}(\bar{N}_i)^2\right)+\sum_{i=2}^{n+1}m_i^2\beta_{i,0}^2+\frac{1}{\gamma_\chi}(\xi N(\chi)-1)\dot{\chi}\end{aligned} \tag{5.40}$$

根据定理 5.1 可得

$$-\frac{c_1z_1^2}{(k_{b1}^2-z_1^2)}\leqslant-c_1\ln\frac{k_{b1}^2}{(k_{b1}^2-z_1^2)} \tag{5.41}$$

将式(5.41)代入式(5.40)中，可转化为

$$\dot{V}\leqslant-CV+\aleph+\frac{1}{\gamma_\chi}(\xi N(\chi)-1)\dot{\chi} \tag{5.42}$$

式中：$C=\min\left\{2c_{n+1},\frac{2}{\tau_i}-2,\frac{\bar{\sigma}_{i1}}{\sigma_{i1}},\frac{\bar{\sigma}_{i2}}{\sigma_{i2}}\right\}$；$\aleph=\sum_{i=1}^{n}\left(\frac{\bar{\sigma}_{i1}}{2\sigma_{i1}}(\theta_i^M)^2+\frac{\bar{\sigma}_{i2}}{2\sigma_{i2}}\|\varepsilon_i^*\|^2+\varepsilon_i^*\lambda'_i+\frac{1}{2}(\bar{N}_i)^2\right)+\sum_{i=2}^{n+1}L_i^2\beta_{i,0}^2$。

对式(5.42)进行积分，得

$$V\leqslant V(0)\mathrm{e}^{-Ct}+\frac{\aleph}{C}(1-\mathrm{e}^{-Ct})+\frac{\mathrm{e}^{-Ct}}{\gamma_\chi}\int_0^t(\xi N(\chi)\dot{\chi}-\dot{\chi})\mathrm{e}^{C\tau}\mathrm{d}\tau \tag{5.43}$$

根据定理 4.1 可得函数 $V(\cdot)$ 和$\chi(\cdot)$ 有界，故闭环系统所有信号

半全局一致有界(SGUUB),并根据定理 5.1 可得在系统输入饱和的前提下,系统能够保持稳定且跟踪误差被限定在给定的范围之内。

5.2.4 仿真分析

本节中的仿真环境同 4.3 节,控制器参数同 4.3 节。同时为减轻阶跃信号对控制器的冲击,对阶跃指令信号进行平滑。进行了 15s 仿真实验,响应曲线如下:

仿真结果如图 5.1~图 5.3 所示,图 5.1 中表示系统的输出跟踪响应曲线,可以看出系统输出能够在各种复杂条件下实现对参考输入信号的稳定跟踪。图 5.2 中实线表示为系统执行器信号,虚线表示的为执行器输入信号,可以看出系统输入约束在饱和范围内。图 5.3 中表示系统的跟踪误差响应曲线,可以看出,系统的跟踪误差始终处于一定的约束范围内。

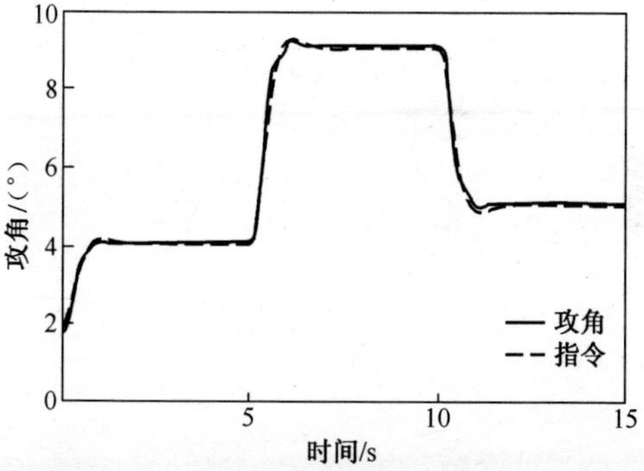

图 5.1 攻角跟踪

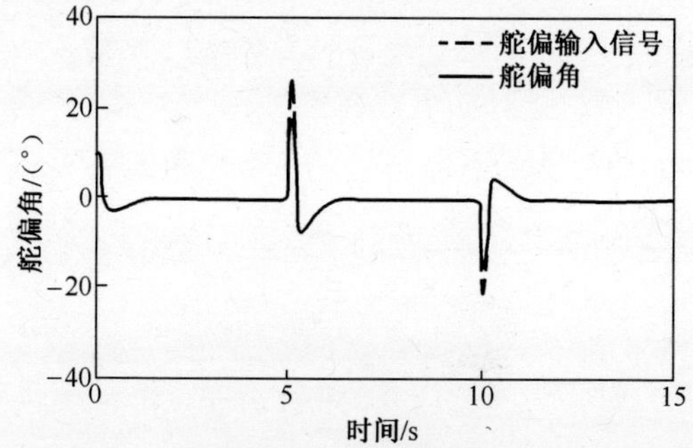

图 5.2 控制输入

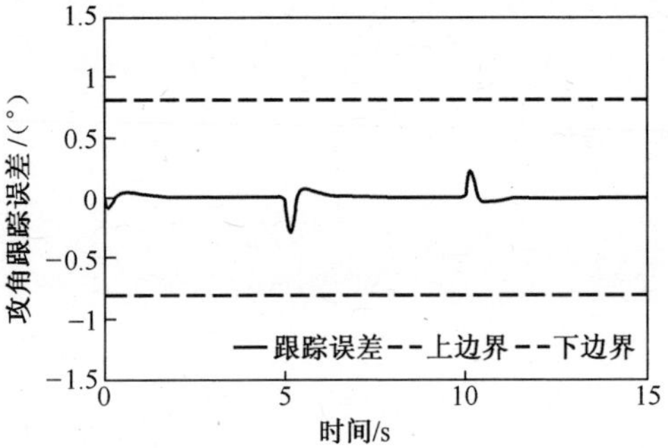

图 5.3　攻角跟踪误差

5.3　可规定性能的跟踪误差受限的自适应模糊反步控制

5.2 节阐述的基于约束 Lyapunov 函数的方法,对跟踪误差进行限定,具有很强的鲁棒性能,误差被限定在划定的范围内,但是限定的范围过大,在一些情况下起不到限定的效果,如果限定范围过小的话会给控制器带来很大的控制负担。为此,我们引入了可规定性能技术对跟踪误差进行限定。

5.3.1　可规定性能

定义误差面向量 $S(t)=[s_1(t),\cdots,s_n(t)]^{\mathrm{T}}\in\mathbf{R}^n$,本文中预设性能是使系统误差面 $s_i(t)$ 严格按照如下所示的范围衰减[139, 140]。

$$-\delta_{i,1}h_i(t)<s_i(t)<\delta_{i,2}h_i(t),\ \forall t\geqslant 0 \tag{5.44}$$

式中:设计参数 $\delta_{i,1}$、$\delta_{i,2}$ 满足 $0<\delta_{i,1},\delta_{i,2}\leqslant 1$; 函数 $h_i(t)$ 为有界且单调递减所谓光滑函数,具有如下特性:

$$\lim_{t\to\infty}h_i(t)=h_{i,\infty},h_{i,\infty}>0 \tag{5.45}$$

式中: $h_{i,\infty}$ 为常数。

引入误差变换方程:

$$\vartheta_i(t)=\Phi_i\left(\frac{s_i(t)}{h_i(t)}\right) \tag{5.46}$$

式中：$\vartheta_i(t)$ 为变换误差；$\Phi_i:(-\delta_{i,1},\delta_{i,2})\to(-\infty,\infty)$ 为严格递增函数。这里采用如下所示的变换函数：

$$\Phi_i\left(\frac{s_i(t)}{h_i(t)}\right)=a_i\ln\left(\delta_{i,2}\frac{s_i(t)}{h_i(t)}+\delta_{i,1}\delta_{i,2}\right)-a_i\ln\left(\delta_{i,1}\delta_{i,2}-\delta_{i,1}\frac{s_i(t)}{h_i(t)}\right) \tag{5.47}$$

式中：$a_i>0$ 为设计常数。

定理 5.3[142]：如果 $\vartheta_i(t)$ 有界，那么当 $t\geqslant0$ 时，误差面 $s_i(t)$ 满足如(4.44)式所示的衰减动态性能。

5.3.2 控制器设计

系统描述同 5.2.2 节，下面将对输入受限和跟踪误差受限控制器进行设计。

Step 1：定义：

$$z_1=y-y_r,z_i=x_i-\alpha_{i-1} \tag{5.48}$$

式中：α_{i-1} 为虚拟控制变量，具体形式由下文给出。

为了便于控制器设计，本文中只要求系统跟踪参考指令的误差满足一定的可规定性能。

选择辅助虚拟控制变量 $\bar{\alpha}_1$ 如下：

$$\bar{\alpha}_1=-c_1\vartheta_1p_1-\boldsymbol{\theta}_1^{\mathrm{T}}\xi_1(x_1,x_{2,f})+\dot{y}_r+\frac{\dot{h}_1}{h_1}s_1-\hat{\varepsilon}_1\tanh(\vartheta_1p_1/\lambda_1) \tag{5.49}$$

式中：$c_1\in\mathbf{R}^+$，θ_1 为针对函数 $f_1'(x_1,x_{2,f})$ 建立的模糊系统的自由参数；$\hat{\varepsilon}_1$ 为对模糊系统逼近误差的估计值。选择自由参数 θ_1 和逼近误差估计值 $\hat{\varepsilon}_1$ 的自适应律为

$$\dot{\boldsymbol{\theta}}_1=r_{11}\vartheta_1p_1\xi_1-\bar{r}_{11}\boldsymbol{\theta}_1 \tag{5.50}$$

$$\dot{\hat{\varepsilon}}_1=r_{12}\vartheta_1p_1\tanh(\vartheta_1p_1/\lambda_1)-\bar{r}_{12}\hat{\varepsilon}_1 \tag{5.51}$$

式中：r_{11}，$\bar{r}_{11}$，r_{12}，$\bar{r}_{12}\in\mathbf{R}^+$ 为选择的自适应增益。

将产生的辅助虚拟控制变量 $\bar{\alpha}_1$ 通过如下所示的一阶低通滤波器：

$$\tau_1\dot{\alpha}_1+\alpha_1=\bar{\alpha}_1,\alpha_1(0)=\bar{\alpha}_1(0)$$

Step i：设计虚拟控制信号 $\alpha_i(i < n)$，考虑到第 i 个子系统，设计第 i 个子系统的虚拟控制信号为

$$\bar{\alpha}_i = -c_i z_i - z_{i-1} - \boldsymbol{\theta}_i^{\mathrm{T}} \boldsymbol{\xi}_i(\boldsymbol{x}_i, x_{i+1,f}) + \dot{\alpha}_{i-1} - \hat{\varepsilon}_i \tanh(z_i/\lambda_i) \tag{5.52}$$

式中：$c_i, \lambda_i \in \mathbf{R}^+$ 为常数。选择自由参数 θ_i 和模糊系统逼近误差的估计值 $\hat{\varepsilon}_i$ 的自适应律如下：

$$\dot{\boldsymbol{\theta}}_i = r_{i1} z_i \xi_i(\boldsymbol{x}_i, x_{i+1,f}) - \bar{r}_{i1} \boldsymbol{\theta}_i \tag{5.53}$$

$$\dot{\hat{\varepsilon}}_i = r_{i2} z_i \tanh(z_i/\lambda_i) - \bar{r}_{i2} \hat{\varepsilon}_i \tag{5.54}$$

式中：r_{i1}，$\bar{r}_{i1}$，r_{i2}，$\bar{r}_{i2} \in \mathbf{R}^+$ 为常数。

当 $i = 2$ 时，选取辅助虚拟控制变量为

$$\bar{\alpha}_2 = -c_2 z_2 - \vartheta_1 p_1 - \boldsymbol{\theta}_2^{\mathrm{T}} \boldsymbol{\xi}_2(\boldsymbol{x}_2, x_{3,f}) + \dot{\alpha}_1 - \hat{\varepsilon}_2 \tanh(z_2/\lambda_2) \tag{5.55}$$

将辅助虚拟控制变量通过如下所示的一阶滤波器：

$$\tau_i \dot{\alpha}_i + \alpha_i = \bar{\alpha}_i, \alpha_i(0) = \bar{\alpha}_i(0)$$

Step n：定义：

$$z_{n+1} = h(v) - \alpha_n \tag{5.56}$$

考虑第 n 个子系统，类似于步骤 i，选取虚拟控制变量为

$$\bar{\alpha}_n = -c_n z_n - z_{n-1} - \boldsymbol{\theta}_n^{\mathrm{T}} \boldsymbol{\xi}_n(x_n, u_f) + \dot{\alpha}_{n-1} - \hat{\varepsilon}_n \tanh(z_n/\lambda_n) \tag{5.57}$$

式中：$c_n, \lambda_n \in \mathbf{R}^+$ 为常数，选择自由参数 $\boldsymbol{\theta}_n$ 和逼近误差估计值 $\hat{\varepsilon}_n$ 的自适应律分别为

$$\dot{\boldsymbol{\theta}}_n = r_{n1} z_n \boldsymbol{\xi}_n(\boldsymbol{x}_{\mathrm{n}}, \mathrm{u_f}) - \bar{\mathrm{r}}_{\mathrm{n1}} \boldsymbol{\theta}_n \tag{5.58}$$

$$\dot{\hat{\varepsilon}}_n = r_{n2} \tanh(z_n/\lambda_n) - \bar{r}_{n2} \hat{\varepsilon}_n \tag{5.59}$$

式中：r_{n1}，$\bar{r}_{n1}$，r_{n2}，$\bar{r}_{n2} \in \mathbf{R}^+$ 为常数。

将设计得到的辅助虚拟控制变量通过如下所示的一阶低通滤波器：

$$\tau_n \dot{\alpha}_n + \alpha_n = \bar{\alpha}_n, \alpha_n(0) = \bar{\alpha}_n(0)$$

Step n+1：同 5.2 节中的 step n+1。

5.3.3 稳定性分析

首先对跟踪误差变量的动态特性进行分析。令 $s_1 = z_1$，则误差变换函数 ϑ_1 关于时间 t 的导数为

$$\begin{aligned}
\dot{\vartheta}_1 &= p_1\left(\dot{s}_1 - \frac{\dot{h}_1}{h_1}s_1\right) = p_1\left(\dot{x}_1 - \dot{y}_r - \frac{\dot{h}_1}{h_1}s_1\right) \\
&= p_1\left(x_2 + f'_1(x_1, x_{2,f}) + \Delta f'_1 - \dot{y}_r - \frac{\dot{h}_1}{h_1}s_1\right) \\
&= p_1\left(z_2 + \alpha_1 + f'_1(x_1, x_{2,f}) + \Delta f'_1 - \dot{y}_r - \frac{\dot{h}_1}{h_1}s_1\right) \\
&= p_1\left(z_2 + \bar{\alpha}_1 + \kappa_1 + f'_1(x_1, x_{2,f}) + \Delta f_1{}' - \dot{y}_r - \frac{\dot{h}_1}{h_1}s_1\right)
\end{aligned} \tag{5.60}$$

式中：$p_1 = a_1((1/(s_1 + \delta_{1,1}h_1)) - (1/(s_1 + \delta_{1,2}h_1)))$。

将辅助虚拟控制变量的表达式代入上式，得：

$$\dot{\vartheta}_1 = p_1\begin{pmatrix} - c_1\vartheta_1 p_1 + z_2 + \tilde{\boldsymbol{\theta}}_1^{\mathrm{T}}\boldsymbol{\xi}_1(x_1, x_{2,f}) + \varepsilon_1 - \hat{\varepsilon}_1\tanh(\vartheta_1 p_1/\lambda_1) \\ + \kappa_1 + \Delta f'_1 \end{pmatrix} \tag{5.61}$$

同时根据 5.2 节得出一阶滤波器的滤波误差的动态特性：

$$\dot{\kappa}_i \leqslant -\frac{\kappa_i}{\tau_i} + \bar{N}_i(i = 1, \cdots, n) \tag{5.62}$$

式中变量含义与式(5.26)中相同。

变量 z_i 的动态特性分析：

$$\begin{aligned}
\dot{z}_i = &- c_i z_i - z_{i-1} + z_{i+1} + \kappa_i + \tilde{\boldsymbol{\theta}}_i^{\mathrm{T}}\boldsymbol{\xi}_i(\boldsymbol{x}_i, x_{i+1,f}) + \varepsilon_i \\
&- \hat{\varepsilon}_i\tanh(z_i/\lambda_i) + \Delta f'_i
\end{aligned} \tag{5.63}$$

当 $i = 2$ 时，

$$\begin{aligned}
\dot{z}_2 = &- c_2 z_2 - \vartheta_1 p_1 + z_3 + \kappa_2 + \tilde{\boldsymbol{\theta}}_2^{\mathrm{T}}\boldsymbol{\xi}_2(\boldsymbol{x}_2, x_{3,f}) + \varepsilon_2 - \hat{\varepsilon}_2\tanh(z_2/\lambda_2) \\
&+ \Delta f'_2
\end{aligned} \tag{5.64}$$

当 $i = n$ 时，

$$\dot{z}_n = -c_n z_n - z_{n-1} + z_{n+1} + \kappa_n + \tilde{\boldsymbol{\theta}}_n^{\mathrm{T}} \xi_n(\boldsymbol{x}_n, u_f) + \varepsilon_n - \hat{\varepsilon}_n \tanh(z_n/\lambda_n) + \Delta f'_n \tag{5.65}$$

引入的辅助误差变量 z_{n+1} 的动态特性同 5.2 节。

下面进行 Lyapunov 稳定性分析。考虑如下所示的 Lyapunov 函数:

$$V = \frac{1}{2}\left[\vartheta_1^2 + \sum_{i=2}^{n} z_i^{\mathrm{T}} z_i + \sum_{i=1}^{n} (\tilde{\boldsymbol{\theta}}_i^{\mathrm{T}} r_{i1}^{-1} \tilde{\boldsymbol{\theta}}_i + \boldsymbol{\kappa}_i^{\mathrm{T}} \boldsymbol{\kappa}_i + \tilde{\varepsilon}_i^{\mathrm{T}} r_{i2}^{-1} \tilde{\varepsilon}_i)\right] \tag{5.66}$$

函数 V 关于时间 t 的导数为

$$\begin{aligned}
\dot{V} &= \vartheta_1 \dot{\vartheta}_1 + \sum_{i=2}^{n} z_i^{\mathrm{T}} \dot{z}_i - \sum_{i=1}^{n} \tilde{\boldsymbol{\theta}}_i^{\mathrm{T}} \sigma_{i1}^{-1} \dot{\boldsymbol{\theta}}_i + \sum_{i=1}^{n} \boldsymbol{\kappa}_i^{\mathrm{T}} \dot{\boldsymbol{\kappa}}_i - \sum_{i=1}^{n} \tilde{\varepsilon}_i^{\mathrm{T}} \sigma_{i2}^{-1} \dot{\hat{\varepsilon}}_i \\
&= \vartheta_1 p_1 [-c_1 \vartheta_1 p_1 + z_2 + \tilde{\boldsymbol{\theta}}_1^{\mathrm{T}} \boldsymbol{\xi}_1(x_1, x_{2,f}) + \varepsilon_1 - \hat{\varepsilon}_1 \tanh(\vartheta_1 p_1/\lambda_1) \\
&\quad + \boldsymbol{\kappa}_1 + \Delta f'_1] + \sum_{i=2}^{n} z_i^{\mathrm{T}} \dot{z}_i - \sum_{i=1}^{n} \tilde{\boldsymbol{\theta}}_i^{\mathrm{T}} r_{i1}^{-1} \dot{\boldsymbol{\theta}}_i + \sum_{i=1}^{n} \boldsymbol{\kappa}_i^{\mathrm{T}} \dot{\boldsymbol{\kappa}}_i - \sum_{i=1}^{n} \tilde{\varepsilon}_i^{\mathrm{T}} r_{i2}^{-1} \dot{\hat{\varepsilon}}_i
\end{aligned} \tag{5.67}$$

根据 Young 不等式,可得

$$\vartheta_1 p_1 \boldsymbol{\kappa}_1 \leqslant \frac{1}{2}(\vartheta_1 p_1)^2 + \frac{1}{2}\boldsymbol{\kappa}_1^2 \tag{5.68}$$

$$\vartheta_1 \Delta f'_1 \leqslant \frac{1}{2}(\vartheta_1 p_1)^2 + \frac{1}{2}|\Delta f'_1|^2 \leqslant \frac{1}{2}(\vartheta_1 p_1)^2 + m_1^2 \beta_{2,0}^2 \tag{5.69}$$

将式(5.68)、式(5.69)代入式(5.67)中,得

$$\begin{aligned}
\dot{V} &\leqslant \vartheta_1 p_1 [-(c_1 - 1)\vartheta_1 p_1 + z_2 + \tilde{\boldsymbol{\theta}}_1^{\mathrm{T}} \boldsymbol{\xi}_1(x_1, x_{2,f}) + \varepsilon_1 \\
&\quad - \hat{\varepsilon}_1 \tanh(\vartheta_1 p_1/\lambda_1)] + m_2^2 \beta_{2,0}^2 + \frac{1}{2}\boldsymbol{\kappa}_1^2 + \sum_{i=2}^{n} z_i^{\mathrm{T}} \dot{z}_i \\
&\quad - \sum_{i=1}^{n} \tilde{\boldsymbol{\theta}}_i^{\mathrm{T}} r_{i1}^{-1} \dot{\boldsymbol{\theta}}_i \\
&\quad + \sum_{i=1}^{n} \boldsymbol{\kappa}_i^{\mathrm{T}} \dot{\boldsymbol{\kappa}}_i - \sum_{i=1}^{n} \tilde{\varepsilon}_i^{\mathrm{T}} r_{i2}^{-1} \dot{\hat{\varepsilon}}_i \leqslant \vartheta_1 p_1 [-c_1 \vartheta_1 p_1 + z_2 \\
&\quad + \tilde{\boldsymbol{\theta}}_1^{\mathrm{T}} \boldsymbol{\xi}_1(x_1, x_{2,f}) - \hat{\varepsilon}_1 \tanh(\vartheta_1 p_1/\lambda_1)] + |\vartheta_1 p_1| \varepsilon_1^*
\end{aligned}$$

$$
-\vartheta_1 p_1 \varepsilon_1^* \tanh(\vartheta_1 p_1/\lambda_1) + \vartheta_1 p_1 \varepsilon_1^* \tanh(\vartheta_1 p_1/\lambda_1)
+ m_2^2\beta_{2,0}^2 + \frac{1}{2}\varepsilon_1^2 + \sum_{i=2}^{n} z_i^{\mathrm{T}}\dot{z}_i - \sum_{i=1}^{n}\tilde{\boldsymbol{\theta}}_i^{\mathrm{T}} r_{i1}^{-1}\dot{\boldsymbol{\theta}}_i + \sum_{i=1}^{n}\boldsymbol{\kappa}_i^{\mathrm{T}}\dot{\boldsymbol{\kappa}}_i - \sum_{i=1}^{n}\tilde{\boldsymbol{\varepsilon}}_i^{\mathrm{T}} r_{i2}^{-1}\dot{\hat{\boldsymbol{\varepsilon}}}_i \tag{5.70}
$$

根据定理 4.2,参数自适应律(5.50)、(5.51),式(5.70)可变换为

$$
\dot{V} \leqslant \vartheta_1 p_1[-(c_1-1)\vartheta_1 p_1 + z_2] + \sum_{i=2}^{n} z_i^{\mathrm{T}}\dot{z}_i - \sum_{i=2}^{n}\tilde{\boldsymbol{\theta}}_i^{\mathrm{T}} r_{i1}^{-1}\dot{\boldsymbol{\theta}}_i + \sum_{i=1}^{n}\boldsymbol{\kappa}_i^{\mathrm{T}}\dot{\boldsymbol{\kappa}}_i
- \sum_{i=2}^{n}\tilde{\boldsymbol{\varepsilon}}_i^{\mathrm{T}} r_{i2}^{-1}\dot{\hat{\boldsymbol{\varepsilon}}}_i + \frac{\bar{r}_{11}}{r_{11}}\tilde{\boldsymbol{\theta}}_1^{\mathrm{T}}\boldsymbol{\theta}_1 + \frac{\bar{r}_{12}}{r_{12}}\tilde{\boldsymbol{\varepsilon}}_1^{\mathrm{T}}\hat{\boldsymbol{\varepsilon}}_1 + \varepsilon_1^*\lambda'_1 + m_2^2\beta_{2,0}^2 + \frac{1}{2}\boldsymbol{\kappa}_1^2 \tag{5.71}
$$

同理,依据误差变量 $z_i(i=2,\cdots,n)$ 的动态特性,自由参数 $\boldsymbol{\theta}_i$ 以及逼近误差估计值 $\hat{\varepsilon}_i$ 的自适应律,可以得到

$$
\begin{aligned}
\dot{V} \leqslant{} & \vartheta_1 p_1[-(c_1-1)\vartheta_1 p_1 + z_2] - (c_2-1)z_2^2 - \vartheta_1 p_1 z_2 + z_2 z_3 \\
& + \sum_{i=3}^{n}[-(c_i-1)z_i - z_{i-1} + z_{i+1}]z_i + \sum_{i=1}^{n}\left(\frac{\bar{r}_{i1}}{r_{i1}}\tilde{\boldsymbol{\theta}}_i^{\mathrm{T}}\boldsymbol{\theta}_i + \frac{\bar{r}_{i2}}{r_{i2}}\tilde{\boldsymbol{\varepsilon}}_i^{\mathrm{T}}\hat{\boldsymbol{\varepsilon}}_i\right) \\
& + \sum_{i=1}^{n}\left(\varepsilon_i^*\lambda'_i + \frac{1}{2}\boldsymbol{\kappa}_i^2\right) + \sum_{i=2}^{n+1} m_i^2\beta_{i,0}^2 + z_{n+1}\dot{z}_{n+1} + \sum_{i=1}^{n}\boldsymbol{\kappa}_i^{\mathrm{T}}\dot{\boldsymbol{\kappa}}_i
\end{aligned} \tag{5.72}
$$

根据引入的辅助误差变量 z_{n+1} 和滤波误差 $\boldsymbol{\kappa}_i$ 的动态特性,可将上式整理合并为

$$
\begin{aligned}
\dot{V} \leqslant{} & -(c_1-1)(\vartheta_1 p_1)^2 - \sum_{i=1}^{n}(c_i-1)z_i^2 - c_{n+1}z_{n+1}^2 \\
& - \sum_{i=1}^{n}\left(\frac{1}{\tau_i}-1\right)\boldsymbol{\kappa}_i^2 + \sum_{i=1}^{n}\left(\frac{\bar{r}_{i1}}{r_{i1}}\tilde{\boldsymbol{\theta}}_i^{\mathrm{T}}\boldsymbol{\theta}_i + \frac{\bar{r}_{i2}}{r_{i2}}\tilde{\boldsymbol{\varepsilon}}_i^{\mathrm{T}}\hat{\boldsymbol{\varepsilon}}_i\right) \\
& + \sum_{i=1}^{n}\left(\varepsilon_i^*\lambda'_i + \frac{1}{2}\boldsymbol{\kappa}_i^2 + \frac{1}{2}(\bar{N}_i)^2\right) + \sum_{i=2}^{n+1} m_i^2\beta_{i,0}^2 \\
& + \frac{1}{\gamma_\chi}(\xi N(\chi)-1)\dot{\chi}
\end{aligned} \tag{5.73}
$$

根据 Young 不等式,可以得到

$$\frac{\bar{r}_{i1}}{r_{i1}}\tilde{\boldsymbol{\theta}}_i^{\mathrm{T}}\boldsymbol{\theta}_i=\frac{\bar{r}_{i1}}{r_{i1}}\tilde{\boldsymbol{\theta}}_i^{\mathrm{T}}(-\tilde{\boldsymbol{\theta}}_i+\boldsymbol{\theta}_i^*)\leqslant-\frac{\bar{r}_{i1}}{2r_{i1}}\|\tilde{\boldsymbol{\theta}}_i\|^2+\frac{\bar{r}_{i1}}{2r_{i1}}\|\boldsymbol{\theta}_i^*\|^2 \tag{5.74}$$

$$\frac{\bar{r}_{i2}}{r_{i2}}\tilde{\varepsilon}_i^{\mathrm{T}}\hat{\varepsilon}_i=\frac{\bar{r}_{i2}}{r_{i2}}\tilde{\varepsilon}_i^{\mathrm{T}}(-\tilde{\varepsilon}_i+\varepsilon_i^*)\leqslant-\frac{\bar{r}_{i2}}{2r_{i2}}\|\tilde{\varepsilon}_i\|^2+\frac{\bar{r}_{i2}}{2r_{i2}}\|\varepsilon_i^*\|^2 \tag{5.75}$$

依据文献[43],理想参数 $\boldsymbol{\theta}_i^*$ 满足 $\|\boldsymbol{\theta}_i^*\|\leqslant\theta_i^M,\theta_i^M\in\mathbf{R}^+$ 为有界常数。

将式(5.74)、式(5.75)代入式(5.73)中,得

$$\begin{aligned}\dot{V}\leqslant&-(c_1-1)(\vartheta_1p_1)^2-\sum_{i=1}^{n}(c_i-1)z_i^2-c_{n+1}z_{n+1}^2-\sum_{i=1}^{n}\left(\frac{1}{\tau_i}-1\right)\kappa_i^2\\&-\sum_{i=1}^{n}\left(\frac{\bar{r}_{i1}}{2r_{i1}}\|\tilde{\boldsymbol{\theta}}_i\|^2+\frac{\bar{r}_{i2}}{2r_{i2}}\|\tilde{\varepsilon}_i\|^2\right)+\sum_{i=1}^{n}\left(\frac{\bar{r}_{i1}}{2r_{i1}}(\theta_i^M)^2+\frac{\bar{r}_{i2}}{2r_{i2}}\|\varepsilon_i^*\|^2\right)\\&+\sum_{i=1}^{n}\left(\varepsilon_i^*\lambda'_i+\frac{1}{2}(\bar{N}_i)^2\right)+\sum_{i=2}^{n+1}m_i^2\beta_{i,0}^2+\frac{1}{\gamma_\chi}(\xi N(\chi)-1)\dot{\chi}\end{aligned} \tag{5.76}$$

式(5.76)可转化为

$$\dot{V}\leqslant-CV+M+\frac{1}{\gamma_\chi}(\xi N(\chi)-1)\dot{\chi} \tag{5.77}$$

式中:$C=\min\left\{2(c_i-1),2c_{n+1},\frac{2}{\tau_i}-2,\frac{\bar{r}_{i1}}{r_{i1}},\frac{\bar{r}_{i2}}{r_{i2}}(i=1,\cdots,n)\right\}$;$M=\sum_{i=1}^{n}\left(\frac{\bar{r}_{i1}}{2r_{i1}}(\theta_i^M)^2+\frac{\bar{r}_{i2}}{2r_{i2}}\|\varepsilon_i^*\|^2+\varepsilon_i^*\lambda'_i+\frac{1}{2}(\bar{N}_i)^2\right)+\sum_{i=2}^{n+1}m_i^2\beta_{i,0}^2$。

对上式进行积分,得

$$V\leqslant V(0)\mathrm{e}^{-Ct}+\frac{M}{C}(1-\mathrm{e}^{-Ct})+\frac{\mathrm{e}^{-Ct}}{\gamma_\chi}\int_0^t(\xi N(\chi)\dot{\chi}-\dot{\chi})\mathrm{e}^{C\tau}\mathrm{d}\tau \tag{5.78}$$

根据定理 4.1 可得函数 $V(\cdot)$ 和 $\chi(\cdot)$ 有界,故闭环系统所有信号半全局一致有界(SGUUB),并根据定理 5.3 可得在系统输入饱和的前

提下，系统能够保持稳定且跟踪误差被限定在给定的范围之内。

5.3.4 仿真分析

本节中的仿真环境同 4.3 节，设计参数 $\delta_{1,1}=0.1$，$\delta_{1,2}=0.1$，$a_1=0.02$，其余参数同 4.3 节。同时为减轻阶跃信号对控制器的冲击，对阶跃指令信号进行平滑处理。进行了 15s 的仿真实验，响应曲线如下：

图 5.4 表示为跟踪响应曲线。从图中可以看出在系统存在不确定性参数和未知外界干扰的情况下，攻角的输出信号能够稳定地跟踪参考输入信号。图 5.5 表示系统的跟踪误差曲线，实线表示系统的跟踪误差。从图中可以清晰地看出，系统跟踪误差被限定在可规定性能范围内。图 5.6 表示的为控制信号曲线，虚线表示的为设计的控制输入

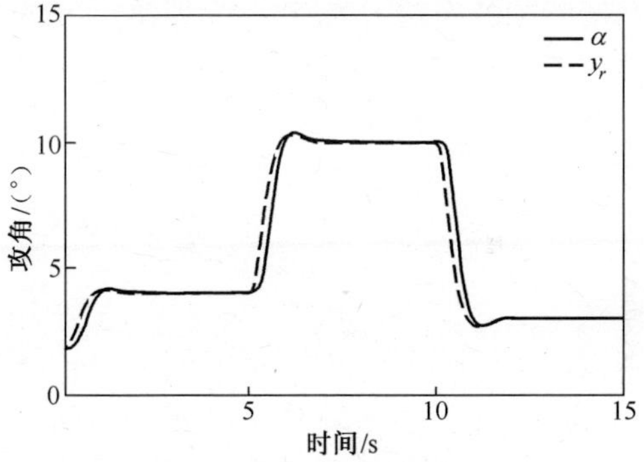

图 5.4　攻角跟踪

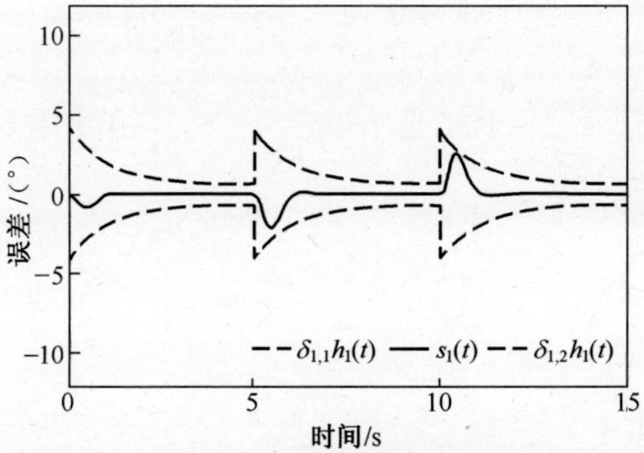

图 5.5　攻角跟踪误差

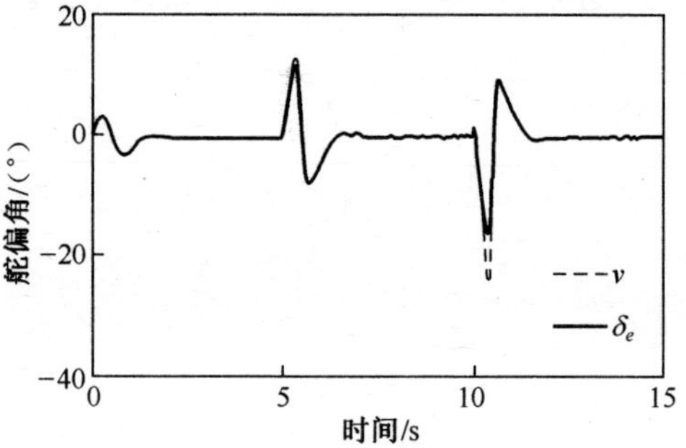

图 5.6　控制输入

信号,实线表示的为执行器信号。从图中可以看出虽然控制输入信号在一些情况下远远超出了界限值,但是执行器信号依然控制在饱和界限范围内。在初始时刻的跟踪上面,跟踪误差略大,但是对于平滑后的阶跃指令信号终值误差很小。这也在一定程度上减轻了控制器在跟踪的初始时刻的控制压力。

5.4　小　　结

本章主要围绕跟踪误差受限方面的问题开展的研究。首先分别将约束 Lyapunov 函数(BLF)和可规定性能技术与自适应模糊反步控制方法相结合,考虑控制输入信号幅值受限,设计出的控制器取得了理想的控制效果。但是这两种方法均未将系统的状态约束和执行器的动态特性考虑在内,而是除了跟踪误差受限以外仅仅要求控制信号满足一定的幅值。而在实际的控制过程中,执行器还会受到执行速率的约束,而仅仅要求执行器幅值受限是不切合实际的。这需要我们针对执行器的约束特性开展研究。

第6章　带有指令滤波器的自适应模糊反步控制

6.1 引　　言

在上一章节中分别采用约束 Lyapunov 函数和可规定性能技术对系统的跟踪误差进行一定范围内的限定,取得了在输入约束前提下的比较理想的效果。但是这两种方法都忽略了状态受限和执行器自身的动态特性的这两个现实问题。在飞行器飞行的过程当中,飞行器自身状态会受到各种约束(如飞机在机动过程中的过载约束)。

系统状态与控制信号受限条件下的有效控制一直以来都受到飞行控制领域的广泛关注[126]。美国加州大学的 Farrell 教授(IEEE Fellow)在这方面作了大量的研究工作[127-134],在具有幅值,速率与带宽限制的指令滤波器的基础之上,设计了一种反步控制器,并应用于飞行器的姿态跟踪控制设计过程中。该种方法不但有效地减弱反步法在设计跟踪控制器过程中对期望轨迹 n 阶可导的限制要求,而且较好地解决了在系统状态与控制信号受限条件下的鲁棒控制问题。但是大部分的研究成果都是建立在函数已知的情况下,即使考虑了函数的不确定性,在控制器设计过程当中未能将函数的不确定性与控制增益未知的问题同时考虑在内,使得控制器在扩展应用的过程当中逼近值或者矩阵存在出现奇异的可能。这就在一定程度上限制了该种方法的应用范围。这就需要我们进一步对其进行研究。

Farrell[127-128]等人提出了一种基于指令滤波器的 Backstepping 控制方法。文献[127]首次提出了带有幅值、速率和带宽约束的指令滤波器,并且为飞行器设计出了基于指令滤波器的鲁棒控制器。文献[128]在[127]的基础上基础上提出了一种具有在线逼近功能的基于指令滤波器的 Backstepping 控制器的设计方法。为了增强控制器的鲁棒特性，Farrell[129] 提出了针对含有未知参数的非线性系统的基于指令滤波器的 Backstepping 控制方法。文献[130]将[129]中提出的方法应用到飞行器的控制器设计中，并补偿飞行器的受损故障。Hu[131] 将指令滤波器与浸入与不变流形相结合，为 VTOL 飞行器设计出基于指令滤波器的控制器，很好地处理了系统中的不确定性和推力约束问题。文献[132]对指令滤波器的频率对闭环系统的影响进行了严格地分析。同时文献[132]采用 Tikhov 定理对指令滤波器对于闭环系统的稳定性与品质进行了严格地分析。为了简化自适应 Backstepping 的补偿策略，Dong[133] 提出了一种基于指令滤波器的补偿策略。这使得指令滤波器适应于更广泛的系统。通过以上讨论，我们可以清晰地得出结论，基于指令滤波器的控制方法取得了很大的进步，但是这些文献未将系统的奇异问题考虑在内。

本章的目的是针对具有状态和执行器物理约束的不确定非线性系统设计出一种基于指令滤波器的鲁棒控制方法。由于系统中控制方向未知，系统的方式进行了改变。系统中未知的控制方向能够产生奇异现象。采用模糊逻辑系统在线辨识未知函数。Butterworth 低通滤波器能够有效的处理系统中的代数环问题，这样将系统的控制增益函数转化为 1。通过将 Backstepping 与指令滤波器相结合，这里提出一种鲁棒控制方法。

本章将自适应模糊反步控制方法与 Farrell 先生提出的具有幅值，速率和带宽限制的指令滤波器相结合，考虑执行器动态特性和状态受限的情况下，解决非线性系统的鲁棒控制问题。

6.2 控制器设计

考虑如下一类 SISO 纯反馈系统：

$$
\begin{cases}
\dot{x}_1 = f_1(x_1) + g_1(x_1)x_2 + \Delta_1 \\
\dot{x}_2 = f_2(\boldsymbol{x}_2) + g_2(\boldsymbol{x}_2)x_3 + \Delta_2 \\
\qquad \cdots\cdots \\
\dot{x}_n = f_n(\boldsymbol{x}_n) + g_n(\boldsymbol{x}_n)u + \Delta_n \\
y = x_1
\end{cases}
\tag{6.1}
$$

式中：$\Delta_i = \Delta f_i(\boldsymbol{x}_i) + \Delta g_i(\boldsymbol{x}_i)x_{i+1} + d_i(i = 1,\cdots,n)$，$\Delta_n = \Delta f_n(\boldsymbol{x}_n) + \Delta g_n(\boldsymbol{x}_n)u + d_n$；$d_i$ 为外界的未知干扰。

对控制器的设计过程如下：

Step 1：设计虚拟控制信号 x_{2d}。考虑式(6.1)中的第一个子系统：

$$
\dot{x}_1 = f_1(x_1) + g_1(x_1)x_2 + \Delta_1 \tag{6.2}
$$

定义跟踪误差 $\tilde{x}_1 = x_1 - y_c$，将 x_2 看作为虚拟控制输入。由于系统中函数未知，也即是控制增益未知，引入 Butterworth 低通滤波器，则上式可变换为

$$
\dot{x}_1 = f_1(x_1) + [g_1(x_1) - 1]x_{2,f} + x_2 + \Delta G_1 + \Delta_1 \tag{6.3}
$$

式中：$x_{2,f}$ 为避免代数环问题而经过 Butterworth 低通滤波器而产生的滤波值；$\Delta G_1 = [g_1(x_1) - 1]x_2 - [g_1(x_1) - 1]x_{2,f}$。

由于式中含有未知函数，故建立如下所示的模糊系统：

$$
f_1(x_1) + [g_1(x_1) - 1]x_{2,f} + \Delta_1 = \boldsymbol{\theta}_1^{*\mathrm{T}}\boldsymbol{\varphi}_1(x_1,x_{2,f}) + \varepsilon_1 \tag{6.4}
$$

设计虚拟控制信号 x_{2d} 为

$$
x_{2d} = -[k_1\tilde{x}_1 + \boldsymbol{\theta}_1^{\mathrm{T}}\boldsymbol{\varphi}_1(x_1,x_{2,f}) - \dot{y}_c + \hat{\varepsilon}_1\tanh(z_1/\lambda_1)] \tag{6.5}
$$

式中：k_1 为正的系统设计参数；$\boldsymbol{\theta}_1$ 为模糊逻辑系统理想权值 $\boldsymbol{\theta}_1^*$ 的估计值；$\hat{\varepsilon}_1$ 为模糊系统逼近误差的估计值；定义估计误差 $\tilde{\boldsymbol{\theta}}_1 = \boldsymbol{\theta}_1^* - \boldsymbol{\theta}_1$；$z_1$ 是为了在后续设计过程中，使控制信号满足受限要求，定义的扩展跟踪误差状态变量：

$$
z_1 = \tilde{x}_1 - \xi_1 \tag{6.6}
$$

式中变量 ξ_1 由下式给出：

$$
\dot{\xi}_1 = -k_1\xi_1 + (x_{2c} - x_{2d}) + \xi_2 \tag{6.7}
$$

式中变量 x_{2c} 与 ξ_2 将在下一步设计中给出。

由于跟踪系统的期望状态 y_d 受限,因此在虚拟控制律式(6.5)中采用的是 y_d 作为通过如式(6.8)所示的指令滤波器[132-136]的输入而获得的受限输出 y_c 。

设受限状态的输入为 x_d ,则其二阶非线性指令滤波器的输出 x_c 和 $\dot{x}_c$ 为

$$
\begin{cases}
\begin{bmatrix} \dot{q}_1(t) \\ \dot{q}_2(t) \end{bmatrix} = \begin{bmatrix} q_2 \\ 2\xi\omega_n \left[S_R\left(\dfrac{\omega_n^2}{2\xi\omega_n} [S_M(x_d) - q_1] - q_2 \right) \right] \end{bmatrix} \\
\begin{bmatrix} x_c \\ \dot{x}_c \end{bmatrix} = \begin{bmatrix} q_1 \\ q_2 \end{bmatrix}
\end{cases}
\tag{6.8}
$$

式中: x_c 和 $\dot{x}_c$ 分别为原始信号 x_d 的滤波器输出及其一阶导数; q_1 和 q_2 为指令滤波器的中间变量, $q_1(0) = q_2(0)$; ξ 为系统阻尼比; ω_n 为系统自然频率; $S_R(\cdot)$ 和 $S_M(\cdot)$ 分别为速率限制与幅值限制函数,均可描述为

$$
S(x) = \begin{cases} x_H, & x \geqslant x_H \\ x, & x_L < x < x_H \\ x_L, & x \leqslant x \end{cases}
$$

值得注意的是,当指令滤波器输入 x_d 有界时,滤波器输出 x_c 和 $\dot{x}_c$ 均有界且连续。而且上述计算 $\dot{x}_c$ 的过程并不需要进行微分运算,因此在虚拟控制器设计的过程当中,将不会引起传统设计中的“项数膨胀”问题。

选择自由参数 $\boldsymbol{\theta}_1$ 和模糊系统逼近误差估计值 $\hat{\varepsilon}_1$ 的自适应律如下:

$$
\dot{\boldsymbol{\theta}}_1 = \sigma_{11} z_1 \boldsymbol{\varphi}_1(x_1, x_{2,f}) - \bar{\sigma}_{11} \boldsymbol{\theta}_1 \tag{6.9}
$$

$$
\dot{\hat{\varepsilon}}_1 = \sigma_{12} z_1 \tanh(z_1/\lambda_1) - \bar{\sigma}_{12} \hat{\varepsilon}_1 \tag{6.10}
$$

式中: σ_{11} , $\bar{\sigma}_{11}$, σ_{12} , $\bar{\sigma}_{12} \in \mathbf{R}^+$ 为常数。

Step $\boldsymbol{i}$:设计虚拟控制信号 x_{i+1d} , $i = 1,2,\cdots,n-1$。考虑系统(6.1)中的第 i 个子系统:

$$\dot{x}_i = f_i(\boldsymbol{x}_i) + g_i(\boldsymbol{x}_i)x_{i+1} + \Delta_i \tag{6.11}$$

将 x_i 看作为虚拟控制输入,由于控制增益未知,引入 Butterworth 低通滤波器,则

$$\dot{x}_i = f_i(\boldsymbol{x}_i) + [g_i(\boldsymbol{x}_i) - 1]x_{i+1,f} + \Delta_i + x_{i+1} + \Delta G_i \tag{6.12}$$

建立如下所示的模糊系统:

$$f_i(\boldsymbol{x}_i) + [g_i(\boldsymbol{x}_i) - 1]x_{i+1,f} + \Delta_i = \boldsymbol{\theta}_i^{*\mathrm{T}}\boldsymbol{\varphi}_i(\boldsymbol{x}_i, x_{i+1,f}) + \varepsilon_i \tag{6.13}$$

定义跟踪误差状态变量 $\tilde{x}_i$ 与扩展跟踪误差状态变量 z_i 如下:

$$\begin{cases} \tilde{x}_i = x_i - x_{ic} \\ z_i = \tilde{x}_i - \xi_i \end{cases} \tag{6.14}$$

式中:变量 ξ_i 为滤波器输出,表示为

$$\dot{\xi}_i = -k_i\xi_i + (x_{i+1c} - x_{i+1d}) + \xi_{i+1} \tag{6.15}$$

式中: $\xi_i(0) = 0$。

与式(6.5)类似,采用模糊函数对系统中的未知不确定性函数进行在线逼近后,第 i 个子系统的虚拟控制信号为

$$x_{i+1d} = -(k_i\tilde{x}_i + \boldsymbol{\theta}_i^{\mathrm{T}}\boldsymbol{\varphi}_i(\boldsymbol{x}_i, x_{i+1,f}) + z_{i-1} - \dot{x}_{ic} + \hat{\varepsilon}_i\tanh(z_i/\lambda_i)) \tag{6.16}$$

式中 k_i 与式(6.6)中的相类似, $\hat{\varepsilon}_i$ 为对模糊系统逼近误差的在线逼近。选择自由参数 $\boldsymbol{\theta}_i$ 和逼近误差估计值 $\hat{\varepsilon}_i$ 的自适应律如下:

$$\dot{\boldsymbol{\theta}}_i = \sigma_{i1}z_i\boldsymbol{\varphi}_i(\boldsymbol{x}_i, x_{i+1,f}) - \bar{\sigma}_{i1}\boldsymbol{\theta}_i \tag{6.17}$$

$$\dot{\hat{\varepsilon}}_i = \sigma_{i2}z_i\tanh(z_i/\lambda_i) - \bar{\sigma}_{i2}\hat{\varepsilon}_i \tag{6.18}$$

式中: σ_{i1} , $\bar{\sigma}_{i1}$, σ_{i2} ; $\bar{\sigma}_{i2} \in \mathbf{R}^+$ 为常数。

从上式可以看出,每一次计算虚拟控制信号 x_{i+1d} 都会用到 x_{ic} 及其一阶导数 $\dot{x}_{ic}$ 。引入指令滤波后,将上一步虚拟控制器设计得到的 x_{id} 通过滤波器产生所需的 x_{ic} 和 $\dot{x}_{ic}$ 。

Step *n*:设计系统工程控制信号 u_c ,考虑系统(6.1)中的第 n 个子

系统：

$$\dot{x}_n = f_n(\boldsymbol{x}_n) + g_n(\boldsymbol{x}_n)u + \Delta_n \tag{6.19}$$

引入 Butterworth 低通滤波器，式(6.19)可变换为

$$\dot{x}_n = f_n(\boldsymbol{x}_n) + (g_n(\boldsymbol{x}_n) - 1)u_f + \Delta_n + u + \Delta G_n \tag{6.20}$$

建立模糊系统函数：

$$f_n(\boldsymbol{x}_n) + (g_n(\boldsymbol{x}_n) - 1)u_f + \Delta_n = \boldsymbol{\theta}_n^{*T}\boldsymbol{\varphi}_n(\boldsymbol{x}_n, u_f) + \varepsilon_n \tag{6.21}$$

仍定义跟踪误差状态变量 $\tilde{x}_n = x_n - x_{nc}$，扩展跟踪状态变量 $z_n = \tilde{x}_n - \xi_n$，则期望的控制输入 u_d 可以设计为

$$u_d = -(k_n\tilde{x}_n + \boldsymbol{\theta}_n^{\mathrm{T}}\boldsymbol{\varphi}_n(\boldsymbol{x}_n, u_f) + z_{n-1} - \dot{x}_{nc} + \hat{\varepsilon}_n\tanh(z_n/\lambda_n)) \tag{6.22}$$

式中 ξ_n 由下式得出：

$$\dot{\xi}_n = -k_n\xi_n + (u_c - u_d) \tag{6.23}$$

考虑到执行机构的动态特性，因此仍将控制器设计得到的控制输入 u_d 通过滤波器来产生满足执行机构物理特性要求的实际控制信号 u_c。

根据前面控制器的设计步骤，可以设计出满足系统状态与执行机构受限条件下的自适应反步控制器。为便于读者理解，将上述设计过程总结为如图 6.1 所示。

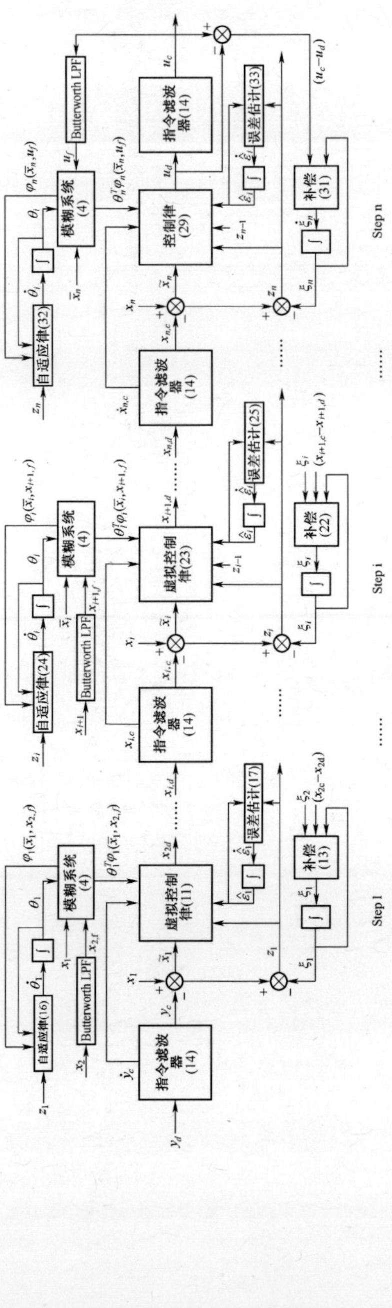

图6.1 带有指令滤波器的控制器设计框图

6.3 系统稳定性证明

上文中结合指令滤波器和模糊逻辑系统,设计了受限系统的自适应反步控制器,本节将对控制系统的闭环稳定性进行分析,给出 $\tilde{x}_i$ 与扩展跟踪误差 z_i 的动态分析。

$$\begin{aligned}\dot{\tilde{x}}_1 &= \dot{x}_1 - \dot{y}_c \\ &= f_1(x_1) + g_1(x_1)x_2 + \Delta_1 - \dot{y}_c \\ &= f_1(x_1) + [g_1(x_1) - 1]x_{2,f} + \Delta_1 + \Delta G_1 - \dot{y}_c + [x_{2d} + (x_2 - x_{2c}) + \\ &\quad (x_{2c} - x_{2d})]\end{aligned} \tag{6.24}$$

将式(6.5)代入,得

$$\begin{aligned}\dot{\tilde{x}}_1 &= f_1(x_1) + [g_1(x_1) - 1]x_{2,f} + \Delta_1 + \Delta G_1 - \dot{y}_c \\ &\quad - [k_1\tilde{x}_1 + \boldsymbol{\theta}_1^{\mathrm{T}}\boldsymbol{\varphi}_1(x_1, x_{2,f}) - \dot{y}_c + \hat{\varepsilon}_1\tanh(z_1/\lambda_1)] + \tilde{x}_2 + (x_{2c} - x_{2d}) \\ &= -k_1\tilde{x}_1 + \tilde{x}_2 + \tilde{\boldsymbol{\theta}}_1^{\mathrm{T}}\boldsymbol{\varphi}_1(x_1, x_{2,f}) + \varepsilon_1 + \Delta G_1 - \hat{\varepsilon}_1\tanh(z_1/\lambda_1) + (x_{2c} - x_{2d})\end{aligned} \tag{6.25}$$

同理,根据跟踪误差 $\tilde{x}_i$ 和 $\tilde{x}_n$ 的定义式、式(6.16)及式(6.22),分别有

$$\begin{aligned}\dot{\tilde{x}}_i &= \dot{x}_i - \dot{x}_{ic} \\ &= f_i(\boldsymbol{x}_i) + g_i(\boldsymbol{x}_i)x_{i+1} + \Delta_i - \dot{x}_{ic} \\ &= f_i(\boldsymbol{x}_i) + [g_i(\boldsymbol{x}_i) - 1]x_{i+1,f} + \Delta_i - \dot{x}_{ic} + x_{i+1d} + \tilde{x}_{i+1} + (x_{i+1c} - x_{i+1d}) \\ &= -k_i\tilde{x}_i - z_{i-1} + \tilde{x}_{i+1} + \tilde{\boldsymbol{\theta}}_i^{\mathrm{T}}\boldsymbol{\varphi}_i(\boldsymbol{x}_i, x_{i+1,f}) + \varepsilon_i + \Delta G_i - \hat{\varepsilon}_i\tanh(z_i/\lambda_i) + \\ &\quad (x_{i+1c} - x_{i+1d})\end{aligned} \tag{6.26}$$

$$\begin{aligned}\dot{\tilde{x}}_n &= \dot{x}_n - \dot{x}_{nc} \\ &= f_n(\boldsymbol{x}_n) + g_n(\boldsymbol{x}_n)u + \Delta_n - \dot{x}_{nc}\end{aligned}$$

$$
\begin{aligned}
&= f_n(\boldsymbol{x}_n) + [g_n(\boldsymbol{x}_n) - 1]u_f + \Delta G_n + \Delta_n - \dot{x}_{nc} + u_c \\
&= -k_n\tilde{x}_n - z_{n-1} + \tilde{\boldsymbol{\theta}}_n^{\mathrm{T}}\boldsymbol{\varphi}_n(\boldsymbol{x}_n, u_f) + \Delta G_n + \varepsilon_n - \hat{\varepsilon}_n \tanh(z_n/\lambda_n) + (u_c - u_d)
\end{aligned} \tag{6.27}
$$

扩展跟踪误差状态的动态特性则表示为

$$
\begin{aligned}
\dot{z}_1 &= \dot{\tilde{x}}_1 - \dot{\xi}_1 \\
&= -k_1\tilde{x}_1 + \tilde{x}_2 + \tilde{\boldsymbol{\theta}}_1^{\mathrm{T}}\boldsymbol{\varphi}_1(x_1, x_{2,f}) + \varepsilon_1 + \Delta G_1 - \hat{\varepsilon}_1 \tanh(z_1/\lambda_1) + \\
&\quad (x_{2c} - x_{2d}) - [-k_1\xi_1 + (x_{2c} - x_{2d}) + \xi_2] \\
&= -k_1 z_1 + z_2 + \tilde{\boldsymbol{\theta}}_1^{\mathrm{T}}\boldsymbol{\varphi}_1(x_1, x_{2,f}) + \varepsilon_1 + \Delta G_1 - \hat{\varepsilon}_1 \tanh(z_1/\lambda_1)
\end{aligned} \tag{6.28}
$$

$$
\begin{aligned}
\dot{z}_i &= \dot{\tilde{x}}_i - \dot{\xi}_i \\
&= -k_i\tilde{x}_i - z_{i-1} + \tilde{x}_{i+1} + \tilde{\boldsymbol{\theta}}_i^{\mathrm{T}}\boldsymbol{\varphi}_i(\boldsymbol{x}_i, x_{i+1,f}) + \varepsilon_i + \Delta G_i - \hat{\varepsilon}_i \tanh(z_i/\lambda_i) \\
&\quad + (x_{i+1c} - x_{i+1d}) - [-k_i\xi_i + (x_{i+1c} - x_{i+1d}) + \xi_{i+1}] \\
&= -k_i z_i - z_{i-1} + z_{i+1} + \tilde{\boldsymbol{\theta}}_i^{\mathrm{T}}\boldsymbol{\varphi}_i(\boldsymbol{x}_i, x_{i+1,f}) + \varepsilon_i + \Delta G_i - \hat{\varepsilon}_i \tanh(z_i/\lambda_i)
\end{aligned} \tag{6.29}
$$

$$
\begin{aligned}
\dot{z}_n &= \dot{\tilde{x}}_n - \dot{\xi}_n \\
&= -k_n\tilde{x}_n - z_{n-1} + \tilde{\boldsymbol{\theta}}_n^{\mathrm{T}}\boldsymbol{\varphi}_n(\boldsymbol{x}_n, u_f) + \Delta G_n + \varepsilon_n - \hat{\varepsilon}_n \tanh(z_n/\lambda_n) \\
&\quad + (u_c - u_d) - [-k_n\xi_n + (u_c - u_d)] \\
&= -k_n z_n - z_{n-1} + \tilde{\boldsymbol{\theta}}_n^{\mathrm{T}}\boldsymbol{\varphi}_n(\boldsymbol{x}_n, u_f) + \Delta G_n + \varepsilon_n - \hat{\varepsilon}_n \tanh(z_n/\lambda_n)
\end{aligned} \tag{6.30}
$$

考虑 Lyapunov 函数如下：

$$
V(t) = \frac{1}{2}\left[\sum_{i=1}^{n} z_i^{\mathrm{T}} z_i + \sum_{i=1}^{n} \tilde{\boldsymbol{\theta}}_i^{\mathrm{T}} \sigma_{i1}^{-1} \tilde{\boldsymbol{\theta}}_i + \sum_{i=1}^{n} \tilde{\boldsymbol{\varepsilon}}_i^{\mathrm{T}} \sigma_{i2}^{-1} \tilde{\boldsymbol{\varepsilon}}_i\right] \tag{6.31}
$$

对上式中的 Lyapunov 函数进行求导，得

$$
\dot{V}(t) = \sum_{i=1}^{n} z_i^{\mathrm{T}} \dot{z}_i - \sum_{i=1}^{n} \tilde{\boldsymbol{\theta}}_i^{\mathrm{T}} \sigma_{i1}^{-1} \dot{\boldsymbol{\theta}}_i - \sum_{i=1}^{n} \tilde{\boldsymbol{\varepsilon}}_i^{\mathrm{T}} \sigma_{i2}^{-1} \dot{\hat{\varepsilon}}_i \tag{6.32}
$$

将 z_1 的动态特性代入，得

$$\dot{V}(t)=z_1^{\mathrm{T}}\dot{z}_1+\sum_{i=2}^{n}z_i^{\mathrm{T}}\dot{z}_i-\sum_{i=1}^{n}\widetilde{\boldsymbol{\theta}}_i^{\mathrm{T}}\sigma_{i1}^{-1}\dot{\boldsymbol{\theta}}_i-\sum_{i=1}^{n}\widetilde{\varepsilon}_i^{\mathrm{T}}\sigma_{i2}^{-1}\dot{\hat{\varepsilon}}_i$$

$$=z_1^{\mathrm{T}}[-k_1z_1+z_2+\widetilde{\boldsymbol{\theta}}_1^{\mathrm{T}}\boldsymbol{\varphi}_1(x_1,x_{2,f})+\varepsilon_1+\Delta G_1-\hat{\varepsilon}_1\tanh(z_1/\lambda_1)]$$

$$+\sum_{i=2}^{n}z_i^{\mathrm{T}}\dot{z}_i-\sum_{i=1}^{n}\widetilde{\boldsymbol{\theta}}_i^{\mathrm{T}}\sigma_{i1}^{-1}\dot{\boldsymbol{\theta}}_i-\sum_{i=1}^{n}\widetilde{\varepsilon}_i^{\mathrm{T}}\sigma_{i2}^{-1}\dot{\hat{\varepsilon}}_i \tag{6.33}$$

根据定理 4.2，式(6.33)可转换为

$$\dot{V}(t)\leqslant z_1^{\mathrm{T}}[-k_1z_1+z_2+\widetilde{\boldsymbol{\theta}}_1^{\mathrm{T}}\boldsymbol{\varphi}_1(x_1,x_{2,f})+\Delta G_1-\hat{\varepsilon}_1\tanh(z_1/\lambda_1)]+$$
$$|z_1|\varepsilon_1^*-z_1\varepsilon_1^*\tanh(z_1/\lambda_1)+z_1\varepsilon_1^*\tanh(z_1/\lambda_1)+\sum_{i=2}^{n}z_i^{\mathrm{T}}\dot{z}_i-$$
$$\sum_{i=1}^{n}\widetilde{\boldsymbol{\theta}}_i^{\mathrm{T}}\sigma_{i1}^{-1}\dot{\boldsymbol{\theta}}_i-\sum_{i=1}^{n}\widetilde{\varepsilon}_i^{\mathrm{T}}\sigma_{i2}^{-1}\dot{\hat{\varepsilon}}_i\leqslant z_1^{\mathrm{T}}[-k_1z_1+z_2+\Delta G_1]+\varepsilon_1^*\lambda_1'+$$
$$\sum_{i=2}^{n}z_i^{\mathrm{T}}\dot{z}_i-\sum_{i=2}^{n}\widetilde{\boldsymbol{\theta}}_i^{\mathrm{T}}\sigma_{i1}^{-1}\dot{\boldsymbol{\theta}}_i-\sum_{i=2}^{n}\widetilde{\varepsilon}_i^{\mathrm{T}}\sigma_{i2}^{-1}\dot{\hat{\varepsilon}}_i+\widetilde{\boldsymbol{\theta}}_1^{\mathrm{T}}\sigma_{11}^{-1}[\sigma_{11}z_1^{\mathrm{T}}\boldsymbol{\varphi}_1(\bar{x}_1,x_{2,f})-\dot{\boldsymbol{\theta}}_1]$$
$$+\widetilde{\varepsilon}_1^{\mathrm{T}}\sigma_{12}^{-1}[\sigma_{12}z_1\tanh(z_1/\lambda_1)-\dot{\hat{\varepsilon}}_1] \tag{6.34}$$

根据 Young 不等式和假设 4.5，可得

$$\| z_1\Delta G_1\| \leqslant \frac{1}{2}z_1^2+\frac{1}{2}\|\Delta G_1\|^2\leqslant \frac{1}{2}z_1^2+\frac{1}{2}m_1^2\delta_2^2 \tag{6.35}$$

根据 Young 不等式和参数的自适应律，可得

$$\widetilde{\boldsymbol{\theta}}_1^{\mathrm{T}}\sigma_{11}^{-1}[\sigma_{11}z_1^{\mathrm{T}}\boldsymbol{\varphi}_1(x_1,x_{2,f})-\dot{\boldsymbol{\theta}}_1]\leqslant -\frac{\bar{\sigma}_{11}}{2\sigma_{11}}(\widetilde{\boldsymbol{\theta}}_1^{\mathrm{T}}\widetilde{\boldsymbol{\theta}}_1-(\theta_1^M)^2) \tag{6.36}$$

$$\widetilde{\varepsilon}_1^{\mathrm{T}}\sigma_{12}^{-1}[\sigma_{12}z_1\tanh(z_1/\lambda_1)-\dot{\hat{\varepsilon}}_1]\leqslant -\frac{\bar{\sigma}_{12}}{2\sigma_{12}}(\widetilde{\varepsilon}_1^{\mathrm{T}}\widetilde{\varepsilon}_1-(\varepsilon_1^*)^2) \tag{6.37}$$

将式(6.35)~式(6.37)代入式(6.34)，可得

$$\dot{V}(t)\leqslant -\left(k_1-\frac{1}{2}\right)z_1^2+z_1^{\mathrm{T}}z_2++\varepsilon_1^*\lambda_1'+\sum_{i=2}^{n}z_i^{\mathrm{T}}\dot{z}_i-\sum_{i=2}^{n}\widetilde{\boldsymbol{\theta}}_i^{\mathrm{T}}\sigma_{i1}^{-1}\dot{\boldsymbol{\theta}}_i-$$

$$\sum_{i=2}^{n}\tilde{\varepsilon}_i^{\mathrm{T}}\sigma_{i2}^{-1}\dot{\hat{\varepsilon}}_i-\frac{\bar{\sigma}_{11}}{2\sigma_{11}}(\tilde{\boldsymbol{\theta}}_1^{\mathrm{T}}\tilde{\boldsymbol{\theta}}_1-(\theta_1^M)^2)-\frac{\bar{\sigma}_{12}}{2\sigma_{12}}(\tilde{\varepsilon}_1^{\mathrm{T}}\tilde{\varepsilon}_1-(\varepsilon_1^*)^2) \tag{6.38}$$

同理根据其余变量的动态特性,可得

$$\begin{aligned}\dot{V}(t)\leqslant&-\sum_{i=1}^{n}\left(k_i-\frac{1}{2}\right)z_i^2+\sum_{i=1}^{n-2}(z_i^{\mathrm{T}}z_{i+1}-z_{i+1}^{\mathrm{T}}z_{i+2})+z_{n-1}^{\mathrm{T}}z_n-\sum_{i=1}^{n}\\&\frac{\bar{\sigma}_{11}}{2\sigma_{11}}\tilde{\boldsymbol{\theta}}_i^{\mathrm{T}}\tilde{\boldsymbol{\theta}}_i-\sum_{i=1}^{n}\frac{\bar{\sigma}_{i2}}{2\sigma_{i2}}\tilde{\varepsilon}_i^{\mathrm{T}}\tilde{\varepsilon}_i+\\&\sum_{i=1}^{n}\left[\varepsilon_i^*\lambda_i'+\frac{1}{2}m_i^2\delta_{i+1}^2+\frac{\bar{\sigma}_{11}}{2\sigma_{11}}(\theta_i^M)^2+\frac{\bar{\sigma}_{i2}}{2\sigma_{i2}}(\varepsilon_i^*)^2\right]\\=&-\sum_{i=1}^{n}\left(k_i-\frac{1}{2}\right)z_i^2-\sum_{i=1}^{n}\frac{\bar{\sigma}_{11}}{2\sigma_{11}}\tilde{\boldsymbol{\theta}}_i^{\mathrm{T}}\tilde{\theta}_i-\sum_{i=1}^{n}\frac{\bar{\sigma}_{i2}}{2\sigma_{i2}}\tilde{\varepsilon}_i^{\mathrm{T}}\tilde{\varepsilon}_i\\&+\sum_{i=1}^{n}\left[\varepsilon_i^*\lambda_i'+\frac{1}{2}m_i^2\delta_{i+1}^2+\frac{\bar{\sigma}_{11}}{2\sigma_{11}}(\theta_i^M)^2+\frac{\bar{\sigma}_{i2}}{2\sigma_{i2}}(\varepsilon_i^*)^2\right]\end{aligned} \tag{6.39}$$

令 $k=\min\limits_{1\leqslant i\leqslant n}(2k_i-1,\ \bar{\sigma}_{i1},\ \bar{\sigma}_{i2})$;$C=\sum_{i=1}^{n}\varepsilon_i^*\lambda_i'+\sum_{i=1}^{n}\frac{1}{2}m_i^2\delta_{i+1}^2+\sum_{i=1}^{n}\frac{\bar{\sigma}_{11}}{2\sigma_{11}}(\theta_i^M)^2+\sum_{i=1}^{n}\frac{\bar{\sigma}_{i2}}{2\sigma_{i2}}(\varepsilon_i^*)^2$,则上式可变换为

$$\dot{V}(t)\leqslant-2kV(t)+C \tag{6.40}$$

由上述 Lyapunov 稳定性理论可知,上述闭环系统状态及跟踪误差是有界的。当选取合适的控制器设计参数时,系统跟踪误差指数收敛与零附近的一个很小邻域内。

6.4 仿真分析

为验证设计的控制系统能够在满足状态受限和执行机构的物理特性的前提下,实现对控制指令的稳定跟踪,进行如下仿真实验。

仿真环境同4.3节，设计控制参数如下：$k_1=13$，$k_2=16$，$\sigma_{11}=2$，$\bar{\sigma}_{11}=0.5$，$\sigma_{12}=0.5$，$\bar{\sigma}_{12}=0.05$，$\sigma_{21}=2$，$\bar{\sigma}_{21}=0.5$，$\sigma_{22}=0.5$，$\bar{\sigma}_{22}=0.05$。结合表6.1中的相关数据，设计指令滤波器。在这种情况下，进行30s的仿真实验，仿真结果如图6.2~图6.6所示[137]。

表6.1 系统状态与舵机的动态特性

状态量	频率/(rad/s)	幅值范围	速率范围	阻尼比
α	4	[-7,10]°	——	1.0
q	20	[-30,30]°/s	——	1.0
δ_e	120	[-25,25]°	[-80,80](°)/s	0.7

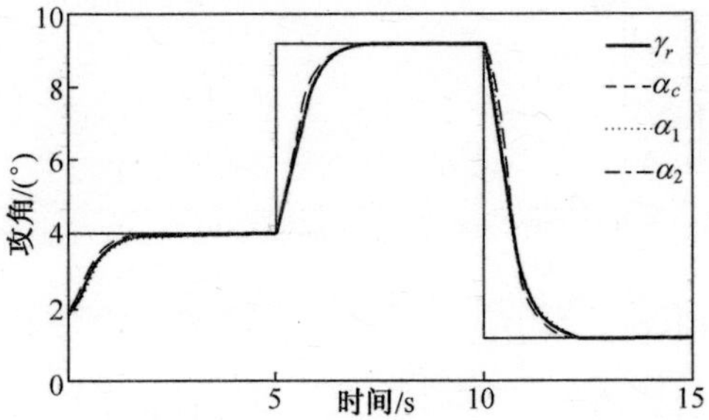

图6.2 攻角跟踪

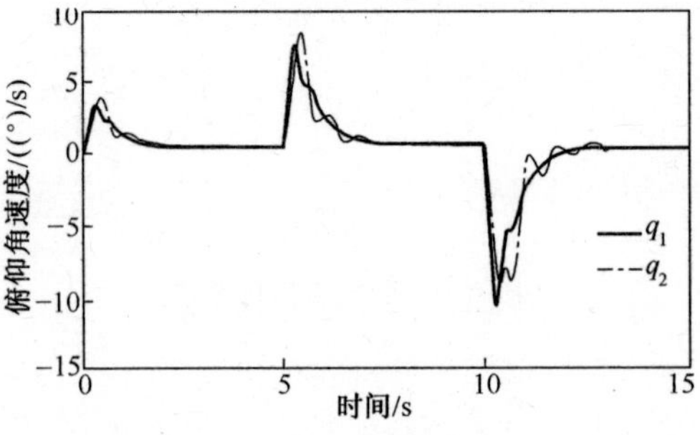

图6.3 攻角跟踪误差

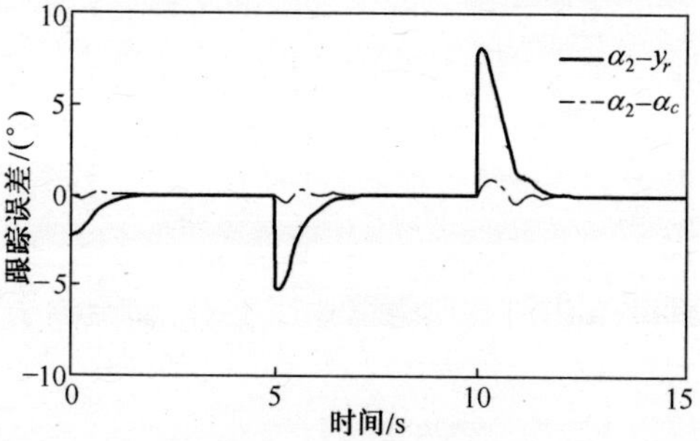

图 6.4　俯仰角速率

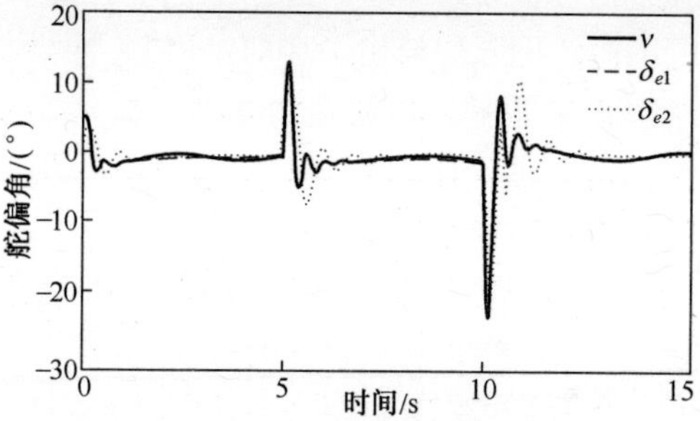

图 6.5　舵偏角曲线

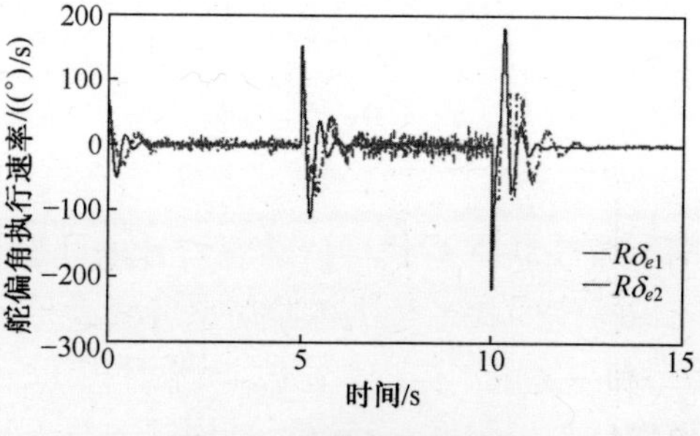

图 6.6　舵偏角执行速率

引入 Butterworth 低通滤波器后，系统形式发生了改变，文献[104]提出的方法能够适用。为了更好地验证仿真结果，将使用文中的方法与文献[104]中的方法进行仿真对比实验，文献[104]中未将系统状态与执行器的物理特性考虑在内。文献[104]采用双曲正切函数和

Nussbaum 增益函数来解决输入幅值受限的问题。文献[104]的仿真结果充分表明所提方法针对输入幅值约束的有效性。

下文中，$\cdot_1$ 表示为在文献[104]中的方法设计出的控制器作用下被控系统的状态,而 $\cdot_2$ 表示为在本章中的方法设计出的控制器作用下被控系统的状态。

从图 6.2,可以在两种控制器的作用下,被控系统均能够稳定跟踪参考指令信号。参考指令信号 y_r 为 solid 线型表示,控制指令信号 α_c 是通过将参考信号 y_r 通过指令滤波器得到,通过此图可以看出本章提出的基于指令滤波器的自适应模糊反步控制器与基于文献[104]设计的控制器均能够使得被控系统稳定跟踪指令信号并使得跟踪误差控制在原点的很小范围内。图 6.3 给出了在两种控制器的作用下被控系统的状态曲线。从图 6.3,我们可以清晰的看出俯仰角速率 q_2 始终保持在约束范围之内,而 q_1 则不能。其中 q_1 的最大绝对值为 11.6(°)/s 。图 6.5 给出了在两种控制器的作用下舵偏角的曲线。在图 6.5 中，可以很清晰地看出两条舵偏角曲线均满足幅值约束。图 6.6 给出舵偏角速度曲线，$R\delta_{e1}$ 的大小已经明显超出了舵所能偏转的速度限制。而相比之下，$R\delta_{e2}$ 始终处于舵的约束范围之内。因此我们得出结论仿真结果证明文中所设计的控制方法能够稳定跟踪参考指令信号,并满足状态约束与舵的物理约束。

6.5 小　　结

本章主要围绕系统状态与执行器动态特性的问题开展广泛的研究。为了充分考虑系统的状态与执行器动态特性满足一定的约束,引入具有幅值,速率和带宽限制的指令滤波器,设计出了一种带有指令滤波器的自适应模糊反步控制器。解决了在控制增益未知,系统状态与执行机构动态特性均受限条件下存在不确定参数和外界未知有界干扰的非线性系统鲁棒控制问题。引入的指令滤波器不但能够克服传统反步法产生虚拟控制器而引起的反复求导造成计算量的膨胀等缺点,而且能够解决非线性系统的状态受限和执行器物理特性限制等飞行控制难题。

附录 A　纵向模型反馈线性化部分参数

矢量 $\boldsymbol{\omega}_1$、$\boldsymbol{\pi}_1$ 和矩阵 $\boldsymbol{\omega}_2$、$\boldsymbol{\pi}_2$ 是变量 V、h 对各个状态量的偏导，L_V、L_α、L_h 表示升力对状态量速度、攻角和高度的一阶偏导，L_{VV}、$L_{\alpha\alpha}$、$L_{hh}\cdots$ 表示二阶偏导。其他相似变量作类似处理。

参数 $\boldsymbol{\omega}_2$ 表达式为

$$\boldsymbol{\omega}_2=\frac{\partial \boldsymbol{\omega}_1}{\partial \boldsymbol{X}}=[\omega_{21}\ \omega_{22}\ \omega_{23}\ \omega_{24}\ \omega_{25}]$$

$$\omega_{21}=\begin{bmatrix} T_{VV}\cos\alpha-D_{VV}\\ 0\\ T_{V\alpha}\cos\alpha-T_V\sin\alpha-D_{V\alpha}\\ T_{V\beta}\cos\alpha\\ T_{Vh}\cos\alpha-D_{Vh}\end{bmatrix}$$

$$\omega_{22}=\begin{bmatrix} 0\\ m\mu\sin\gamma/r^2\\ 0\\ 0\\ (2m\mu\cos\gamma/r^3)\,r_h\end{bmatrix}$$

$$\omega_{23}=\begin{bmatrix} T_{V\alpha}\cos\alpha-T_V\sin\alpha-D_{V\alpha}\\ 0\\ T_{\alpha\alpha}\cos\alpha-2T_\alpha\sin\alpha-T\cos\alpha-D_{\alpha\alpha}\\ T_{\beta\alpha}\cos\alpha\\ T_{h\alpha}\cos\alpha-T_h\sin\alpha-D_{\alpha h}\end{bmatrix}$$

$$\omega_{24}=\begin{bmatrix} T_{V\beta}\cos\alpha \\ 0 \\ T_{\alpha\beta}\cos\alpha - T_{\beta}\sin\alpha \\ T_{\beta\beta}\cos\alpha \\ T_{h\beta}\cos\alpha \end{bmatrix}$$

$$\omega_{25}=\begin{bmatrix} T_{Vh}\cos\alpha - D_{Vh} \\ (2m\mu\cos\gamma/r^3)\,r_h \\ T_{\alpha h}\cos\alpha - T_h\sin\alpha - D_{\alpha h} \\ T_{\beta h}\cos\alpha \\ T_{hh}\cos\alpha - D_{hh} - (6m\mu\sin\gamma/r^4)\,r_h^2 \end{bmatrix}$$

参数 $\boldsymbol{\pi}_2$ 表达式为 $\boldsymbol{\pi}_2=[\pi_{21}\quad \pi_{22}\quad \pi_{23}\quad \pi_{24}\quad \pi_{25}]$，其各分量表达式如下：

$$\pi_{21}=\begin{bmatrix} \dfrac{L_{VV}+T_{VV}\sin\alpha}{mV}-\dfrac{2(L_V+T_V\sin\alpha)}{mV^2}+\dfrac{2(L+T\sin\alpha)}{mV^3}-\dfrac{2\mu\cos\gamma}{V^3r^2}-\dfrac{\mu\sin\gamma}{V^2r^2} \\ -\dfrac{\sin\gamma}{r}-\dfrac{g\sin\gamma}{V^2} \\ \dfrac{L_{V\alpha}+T_{V\alpha}\sin\alpha+T_V\cos\alpha}{mV}-\dfrac{L_\alpha+T_\alpha\sin\alpha+T\cos\alpha}{mV^2} \\ \dfrac{T_{V\beta}\sin\alpha}{mV}-\dfrac{T_\beta\sin\alpha}{mV^2} \\ \dfrac{L_{Vh}+T_{Vh}\sin\alpha}{mV}-\dfrac{L_h+T_h\sin\alpha}{mV^2}-\dfrac{2\mu\cos\gamma}{V^2r^3}r_h-\dfrac{\cos\gamma}{r^2}r_h \end{bmatrix}$$

$$\pi_{22}=\begin{bmatrix} -\mu\sin\gamma/(V^2r^2)-\sin\gamma/r \\ \mu\cos\gamma/(Vr^2)-V\cos\gamma/r \\ 0 \\ 0 \\ -(2\mu\sin\gamma/(Vr^3))\,r_h+(V\sin\gamma/r^2)\,r_h \end{bmatrix}$$

$$\pi_{23} = \begin{bmatrix} \dfrac{L_{V\alpha} + T_{V\alpha}\sin\alpha - T_V\cos\alpha}{mV} - \dfrac{L_\alpha + T_\alpha\sin\alpha + T\cos\alpha}{mV^2} \\ 0 \\ \dfrac{L_{\alpha\alpha} + T_{\alpha\alpha}\sin\alpha + 2T_\alpha\cos\alpha - T\sin\alpha}{mV} \\ \dfrac{T_{\alpha\beta}\sin\alpha + T_\beta\cos\alpha}{mV} \\ \dfrac{L_{\alpha h} + T_{\alpha h}\sin\alpha + T_h\cos\alpha}{mV} \end{bmatrix}$$

$$\pi_{24} = \begin{bmatrix} T_{V\beta}\sin\alpha/(mV) - T_\beta\sin\alpha/(mV^2) \\ 0 \\ (T_{\alpha\beta}\sin\alpha + T_\beta\cos\alpha)/(mV) \\ T_{\beta\beta}\sin\alpha/(mV) \\ T_{h\beta}\sin\alpha/(mV) \end{bmatrix}$$

$$\pi_{25} = \begin{bmatrix} \dfrac{L_{Vh} + T_{Vh}\sin\alpha}{mV} - \dfrac{L_h + T_h\sin\alpha}{mV^2} - \dfrac{2\mu\cos\gamma}{V^2r^3}r_h - \dfrac{\cos\gamma}{r^2}r_h \\ -\dfrac{2\mu\sin\gamma}{Vr^3}r_h + \dfrac{V\sin\gamma}{r^2}r_h \\ \dfrac{L_{\alpha h} + T_{\alpha h}\sin\alpha + T_h\cos\alpha}{mV} \\ \dfrac{T_{\beta h}\sin\alpha}{mV} \\ \dfrac{L_{hh} + T_{hh}\sin\alpha}{mV} - \dfrac{6\mu\cos\gamma}{Vr^4}r_h^2 + \dfrac{2V\cos\gamma}{r^3}r_h^2 \end{bmatrix}$$

附录 B　稳定性理论

在非线性控制和稳定性的分析中，人们经常用 Lyapunov 直接发来分析一般非线性系统的稳定性。下面，我们将简述一些重要的概念和稳定性理论。

Lyapunov 稳定性理论在系统的分析和控制系统设计中都起着相当重要的作用。Lyapunov 分析主要基于类能量函数或所谓的 Lyapunov 函数的概念。随着时间的推移，如果系统总是处在一种耗散的状态，系统将渐近收敛至平衡点附近的一个邻域。进行稳定性分析主要有两种方法：Lyapunov 第一种方法主要用来确定线性化系统关于关于平衡点收敛其邻域的局部稳定性问题，尽管第一种方法仅仅得到局部结果，但它提供了线性化系统关于工作点稳定的一种基本设计方法；第二种方法即所谓的 Lyapunov 直接法，这种方法基于能量耗散的概念，一般而言，这种方法可以用来分析任何由微分方程描述的非线性系统，是非线性稳定分析的最基本的方法之一。

在本节我们介绍一些主要的概念和稳定性结果。

定义 B.1　如果系统状态到达 $\boldsymbol{x}(t)=\boldsymbol{x}_e$ 后一直维持这个状态，则称自治非线性系统

$$\dot{\boldsymbol{x}}(t)=\boldsymbol{f}(\boldsymbol{x})$$

在 $\boldsymbol{x}=\boldsymbol{x}_e$ 有一个平衡点，或者说系统可表示为 $\boldsymbol{x}=\boldsymbol{x}_e$ 且 $\boldsymbol{f}(\boldsymbol{x}_e)=0$。

定义 B.2　称平衡点 $\boldsymbol{x}=0$ 是 Lyapunov 稳定的，如果对每一个 $\varepsilon>0$，存在一个常数 $\delta(t_0,\varepsilon)>0$ 使得

$$\|\boldsymbol{x}(t_0)\|<\delta(t_0,\varepsilon)\Rightarrow\|\boldsymbol{x}(t)\|\leqslant\varepsilon,\forall t\geqslant t_0$$

则称其为一致 Lyapunov 稳定。对于每一个 $\varepsilon>0$，常数与 $\delta(t_0,\varepsilon)=\delta(\varepsilon)>0$ 和初始时间 t_0 无关。

定义 B.3　平衡点 $\boldsymbol{x}=\boldsymbol{0}$ 是吸引子。如果对于每一个 $\varepsilon>0$ 和一

些 $\delta > 0$,存在 $T(t_0,\delta,\varepsilon)$ 使得

$$\|\boldsymbol{x}(t_0)\| < \delta(t_0,\varepsilon) \Rightarrow \|\boldsymbol{x}(t)\| \leqslant \varepsilon, \forall t \geqslant t_0 + T(t_0,\delta,\varepsilon)$$

则称其为一致吸引。对所有 $\varepsilon > 0$,满足 $0 < \varepsilon < \delta$,且 $T(t_0,\delta,\varepsilon) = T(\delta,\varepsilon)$ 与 t_0 无关。

吸引的含义是指如果系统的初始状态满足 $\|\boldsymbol{x}(t_0)\| < \delta$,则有限的时间内系统轨道将维持在 $\|\boldsymbol{x}\| < \varepsilon$ 内,如果 $\delta \to 0$, $\varepsilon < \delta$,则轨道将收敛到 $\boldsymbol{x}(t) = 0$。

定义 B.4 平衡点 $\boldsymbol{x} = \boldsymbol{0}$ 是渐近稳定的。如果平衡点是 Lyapunov 稳定并是吸引的,或者等效地说,存在 $\delta > 0$ 使得

$$\|\boldsymbol{x}(t_0)\| < \delta \Rightarrow \|\boldsymbol{x}(t)\| \to 0, t \to \infty$$

平衡点是一致 Lyapunov 稳定的且 $\boldsymbol{x} = \boldsymbol{0}$ 是一致吸引的,则称为一致渐近稳定。

渐近稳定的含义是:如果限定初始条件满足 $\|\boldsymbol{x}(t_0)\| < \delta$,那么当 $t \to \infty$ 时,$\boldsymbol{x}(t)$ 将趋近它的平衡态,如果 δ 可以扩展至整个状态空间,则系统是全局渐近稳定的(GAS),否则系统是局部渐近稳定的。

定义 B.5 对于 $\boldsymbol{x}(t_0) = \boldsymbol{x}_0$,状态轨道 $\boldsymbol{x}(t)$ 称为一致有界(Uniformly Bounded, UB)。若对一些 $\delta > 0$,存在正常数 $d(\delta) < \infty$ 可能与 δ 有关,但与 t_0 无关,使得对所有的 $t \geqslant t_0$,有

$$\|\boldsymbol{x}(t_0)\| < \delta \Rightarrow \|\boldsymbol{x}(t_0)\| < d(\delta)$$

定义 B.6 对于 $\boldsymbol{x}(t_0) = \boldsymbol{x}_0$,状态轨道称为最终一致有界(Uniformly Ultimately Bounded,UUB)于子集合 $\Omega \subset R^n$,其中 $\boldsymbol{x} = \boldsymbol{0} \in \Omega$,若存在与 t_0 无关的 $T(\boldsymbol{x}_0,\Omega)$,且 $0 < T(\boldsymbol{x}_0,\Omega) < \infty$,有

$$\|\boldsymbol{x}(t_0)\| < \delta \Rightarrow \boldsymbol{x}(t) \in \Omega, \forall t \geqslant t_0 + T(\boldsymbol{x}_0,\Omega)$$

一致有界条件比 Lyapunov 稳定要求更宽。如果系统是 Lyapunov 稳定的,则意味着一致有界,但其逆不成立。

附录 C　反步控制的基本原理

在此只是一些总结性内容,具体可参考文献[142,143],反步,这种递归设计过程能够系统地解决基于 Lyapunov 理论的控制器设计问题。反步是适用于严格反馈系统的,这种系统为“下三角”形式的系统。一个严格反馈的例子如下所示:

$$\begin{cases}\dot{x}_1 = f_1(x_1) + g_1(x_1)x_2 \\ \dot{x}_2 = f_2(x_1, x_2) + g_2(x_1, x_2)x_3 \\ \qquad \vdots \\ \dot{x}_{r-1} = f_{r-1}(x_1, x_2, \cdots, x_{r-1}) + g_{r-1}(x_1, x_2, \cdots, x_{r-1})x_r \\ \dot{x}_r = f_r(x_1, x_2, \cdots, x_r) + g_r(x_1, x_2, \cdots, x_r)u\end{cases} \tag{C.1}$$

式中:$x_1, \cdots, x_r \in \boldsymbol{R}$;$u \in \boldsymbol{R}$ 为控制输入;$f_i, g_i(i=1, \cdots, r)$ 为已知函数。在大多数情况下,一个典型的反馈线性化方法会导致有用的非线性部分被消除。与反馈线性化相比,反步设计具有更大的灵活性,因为它并不要求得到的输入输出特性是线性的。避免消除潜在的有用的非线性使控制器更加简单。其主要思想是使用一些式(C.1)中称为“虚拟控制”或者“伪控制”的状态变量,并视在每个状态的动态特性来设计中间控制律。反步设计是一个递归过程,在这个过程中整个系统会得到一个 Lyapunov 函数。递归程序可以很容易地扩展到式(C.1)给出的严格系统。

C.1　积 分 反 步

递归过程的基准设计为积分反步。考虑如下系统:

$$\dot{\eta} = f(\eta) + g(\eta)\sigma \tag{C.2}$$

$$\dot{\sigma} = u \tag{C.3}$$

其中，$[\eta\ \sigma]^{\mathrm{T}} \in \boldsymbol{R}^{n+1}$ 为状态向量，$u \in \boldsymbol{R}$ 为控制输入。目标是设计一个状态反馈控制律，使得 $t \to \infty$ 时，$\eta,\sigma \to 0$。假设 f 和 g 是已知函数。该系统可以看作是由两个子系统构成的一个级联系统。第一个子系统式(C.2)的输入为 σ，第二个子系统为积分器式(C.3)。其主要设计思想是把 σ 作为 η 稳定的虚拟控制输入。假设存在一个光滑状态反馈控制律 $\sigma = \varphi(\eta)$，并且初始状态 $\varphi(0) = 0$，这样式子

$$\dot{\eta} = f(\eta) + g(\eta)\varphi(\eta) \tag{C.4}$$

是渐进稳定的。考虑到对 $\varphi(\eta)$ 的选择，Lyapunov 函数 $V(\eta)$ 可写为

$$\frac{\partial V}{\partial \eta}[f(\eta) + g(\eta)\varphi(\eta)] \leqslant -W(\eta) \tag{C.5}$$

式中：$W(\eta)$ 是正定的。通过在式(C.5)右边添加和减去 $G(\eta)\varphi(\eta)$ 得到：

$$\dot{\eta} = f(\eta) + g(\eta)\varphi(\eta) + g(\eta)[\sigma - \varphi(\eta)] \tag{C.6}$$

$$\dot{\sigma} = u \tag{C.7}$$

用 e_σ 表示状态量 σ 和伪控制量 $\varphi(\eta)$ 之间的误差，则有

$$e_\sigma = \sigma - \varphi(\eta) \tag{C.8}$$

在 (η, e_σ) 坐标下写初始系统，则有

$$\dot{\eta} = [f(\eta) + g(\eta)\varphi(\eta)] + g(\eta)e_\sigma \tag{C.9}$$

$$\dot{e}_\sigma = u - \dot{\varphi}(\eta) \tag{C.10}$$

由于 f、g 和 φ 是已知的，反步设计的一个优点是它不需要微分器。特别是，对 φ 的微分可以通过下面的公式计算：

$$\dot{\varphi} = \frac{\partial \varphi}{\partial \eta}[f(\eta) + g(\eta)\sigma] \tag{C.11}$$

取 $u = v + \dot{\varphi}$，其中 $v \in \boldsymbol{R}$ 是一个名义控制输入，变换后的系统形式为

$$\dot{\eta} = [f(\eta) + g(\eta)\varphi(\eta)] + g(\eta)e_\sigma \tag{C.12}$$

$$\dot{e}_\sigma = v \tag{C.13}$$

该系统第一个方程当输入为零时是渐进稳定的，其余均与初始系统相似。使用此控制过程，伪控制量 $\varphi(\eta)$ 通过积分器由 $u=v+\varphi(\eta)$ 进行反步。

利用 $V(\eta)$ 来设计 v，从而保证整个系统的稳定。取

$$V_c(\eta,\sigma)=V(\eta)+\frac{1}{2}e_\sigma^2 \tag{C.14}$$

作为一个候选 Lyapunov 函数，得到

$$\begin{aligned}\dot{V}_c&=\frac{\partial V}{\partial \eta}[f(\eta)+g(\eta)\varphi(\eta)]+\frac{\partial V}{\partial \eta}g(\eta)e_\sigma+e_\sigma v\\&\leqslant -W(\eta)+\frac{\partial V}{\partial \eta}g(\eta)e_\sigma+e_\sigma v\end{aligned} \tag{C.15}$$

控制输入 v 可选为

$$v=-\frac{\partial V}{\partial \eta}g(\eta)-ke_\sigma,k>0 \tag{C.16}$$

将式(C.16)表示的 v 代入式(C.15)，有

$$\dot{V}_c\leqslant -W(\eta)-ke_\sigma^2 \tag{C.17}$$

这表明初始状态 $(\eta=0,e_\sigma=0)$ 是渐进稳定的。由于 $\varphi(0)=0$，并且 $t\to\infty$ 时，$e_\sigma\to 0$；初始状态 $(\eta=0,\sigma=0)$ 也是渐进稳定的。代入 v、e_σ 以及 $\dot{\varphi}$，控制律的最终形式为：

$$u=\frac{\partial \varphi}{\partial \eta}[f(\eta)+g(\eta)\sigma]-\frac{\partial V}{\partial \eta}g(\eta)-k[\sigma-\varphi(\eta)] \tag{C.18}$$

C.2 递归反步设计简单范例

本节旨在说明如何在一个严格的高阶反馈系统中实现反步方法。对于高阶系统而言，控制器的建立是通过递归积分反步方法实现的。存在一种基于式 所给出的严格反馈系统通用方程的反步过程描述，这种描述中递归公式的推导很乏味，并且很难遵循。在本节中，我们采用一个简单的三阶严格反馈系统。这种方法能够更好地理解反步设计的主要特点和使用潜力。考虑下列系统：

$$\dot{\xi}_1 = f_1(\xi_1) + \xi_2 \tag{C.19}$$

$$\dot{\xi}_2 = f_2(\xi_2) + \xi_3 \tag{C.20}$$

$$\dot{\xi}_3 = u \tag{C.21}$$

其中，$\xi_i \in \boldsymbol{R}(i = 1,2,3)$ 是系统的状态变量，$u \in \boldsymbol{R}$ 控制输入，$f_i(\xi_i):\boldsymbol{R} \to \boldsymbol{R}$ 是已知函数。

我们的目的是设计一个状态反馈控制律使得 $t \to 0$ 时，$\xi_1,\xi_2,\xi_3 \to 0$。与积分反步相类似，我们的想法是将状态变量 ξ_2 作为输入来使状态变量 ξ_1 稳定。取 Lyapunov 函数

$$V_1 = \frac{1}{2}\xi_1^2 \tag{C.22}$$

V_1 沿着 ξ_1 轨迹上微分为

$$\xi_1 \dot{V}_1 = \xi_1(f_1(\xi_1) + \xi_2) \tag{C.23}$$

此步的目的是找到一个控制律 $\varphi_2(\xi_1)$ 且满足 $\varphi_2(0) = 0$，这样当 $\xi_2 = \varphi_2(\xi_1)$ 时 $\dot{V}_1 = F(\xi_1) \leqslant -W_1(\xi_1)$，其中 W_1 对任意 $\xi_1 \in \boldsymbol{R}$ 都是正定的。显而易见，为了消除 $f_1(\xi_1)$ 的影响并引入一个稳定的反馈项，我们选择

$$\varphi_2(\xi_1) = -f_1(\xi_1) - k_1\xi_1 \tag{C.24}$$

其中，k_1 是一个正增益。这种选择使得 $\dot{V}_1 \leqslant -k_1\xi_1^2$。用 $e_2 = \xi_2 - \varphi_2(\xi_1)$ 表示误差。使用新坐标 e_2，式(C.19)~式(C.21)表示的系统可表示为

$$\dot{\xi}_1 = -k_1\xi_1 + e_2 \tag{C.25}$$

$$\dot{e}_2 = -\dot{\varphi}_2(\xi_1) + f_2(\xi_1, e_2) + \xi_3 \tag{C.26}$$

$$\dot{\xi}_3 = u \tag{C.27}$$

与 C.1 小节相类似，$\varphi_2(\xi_1)$ 导数的实现不需要微分器，因为

$$\dot{\varphi}_2 = \frac{\partial\varphi_2}{\partial\xi_1}[f_1(\xi_1) + \xi_2] \tag{C.28}$$

考虑如下所示的 Lyapunov 函数：

$$V_2(\xi_1, e_2) = \frac{1}{2}\xi_1^2 + \frac{1}{2}e_2^2 \tag{C.29}$$

第二阶段设计的目标是确定伪控制量 $\varphi_3(\xi_1,e_2)$ 且满足 $\varphi_3(0,0)=0$，这样当 $\xi_3=\varphi_3(\xi_1,e_2)$ 时，$\dot{V}_2(\xi_1,e_2)\leqslant -W_2(\xi_1,e_2)$，$W_2$ 对于任意 ξ_1、e_2 是正定函数。因此，V_2 沿 ξ_1、e_2 的方向导数为

$$\dot{V}_2=-k_1\xi_1^2+e_2(\xi_1-\dot{\varphi}_2(\xi_1)+f_2(\xi_1,e_2)+\varphi_3(\xi_1,e_2)) \tag{C.30}$$

显而易见，$\varphi_3(\xi_1,e_2)$ 可选为

$$\varphi_3(\xi_1,e_2)=-\xi_1+\dot{\varphi}_2(\xi_1)-f_2(\xi_1,e_2)-k_2e_2 \tag{C.31}$$

其中，k_2 是正常数。在这种情况下，$\dot{V}_2=-k_1\xi_1^2-k_2e_2^2$。设变量的变化值 $e_3=\xi_3-\varphi_3(\xi_1,e_2)$，那么系统动态特性方程可改写为

$$\dot{\xi}_1=-k_1\xi_1+e_2 \tag{C.32}$$

$$\dot{e}_2=-\xi_1-k_2e_2+e_3 \tag{C.33}$$

$$\dot{e}_3=-\dot{\varphi}(\xi_1,e_2)+u \tag{C.34}$$

与 $\dot{\varphi}_2$ 类似，$\dot{\varphi}_3$ 的计算不需要微分器。令 $V_3=V_2+\dfrac{1}{2}e_3^2$ 为下一个候选 Lyapunov 函数，则有

$$\dot{V}_3=-k_1\xi_1^2-k_2e_2^2+e_3(e_2-\dot{\varphi}_3(\xi_1,e_2)+u) \tag{C.35}$$

控制量 u 可选择为

$$u=-e_2+\dot{\varphi}_3(\xi_1,e_2)-k_3e_3 \tag{C.36}$$

其中，k_3 是正的常数。那么有

$$\dot{V}_3=-k_1e_1^2-k_2e_2^2-k_3e_3^2 \tag{C.37}$$

因此，在其原点处误差系统是全局渐进稳定的。因为 $\varphi_2(0)=0$，$\varphi(0,0)=0$，且 $t\to\infty$ 时，$\xi_1,\xi_2,\xi_3\to 0$。则最终的系统形式为

$$\begin{bmatrix}\dot{\xi}_1\\ \dot{e}_1\\ \dot{e}_2\end{bmatrix}=\begin{bmatrix}-k_1 & 1 & 0\\ -1 & -k_2 & 1\\ 0 & 1 & -k_3\end{bmatrix}\begin{bmatrix}\xi_1\\ e_1\\ e_2\end{bmatrix} \tag{C.38}$$

文献[142]指出，上述系统的一个重要的结构特性是：系统矩阵是由负对角矩阵和反对称矩阵共同组成。这是一个典型的结构模式，因

为反步法设计是基于 Lyapunov 函数顺序构造的。反步的关键特征在于，它为设计提供很大的自由度。因为伪控制量 φ_2、φ_3 和控制输入量 u 的选择不是唯一的。例如，我们有可能选择：

$$\varphi_2(\xi_1) = -f_1(\xi_1) - k_1\xi_1 \tag{C.39}$$

$$\varphi_3(\xi_1, e_2) = \dot{\varphi}_2(\xi_1) - f_2(\xi_2) - k_2 e_2 \tag{C.40}$$

$$u = \dot{\varphi}_3(\xi_1, e_2) - k_3 e_3 \tag{C.41}$$

这样最终的系统形式为

$$\begin{bmatrix} \dot{\xi}_1 \\ \dot{e}_1 \\ \dot{e}_2 \end{bmatrix} = \begin{bmatrix} -k_1 & 1 & 0 \\ 0 & -k_2 & 1 \\ 0 & 0 & -k_3 \end{bmatrix} \tag{C.42}$$

显然该系统也是渐进稳定的。因此，用这样一个更简单的设计能同样得到相同系统的稳定性。这种潜能使得反步方法成为一种功能强大、可用于非线性系统简单控制器设计的工具。

附录 D　主要缩略词说明

英文缩写	中文名称	英文名称
NASA	国家航空航天局(美国)	National Aeronautics and Space Administration
ARRMD	经济上可承受的快速反应导弹演示弹	Affordable Rapid Response Missile Demonstrator
FALCON	兵力运用与从美国本土发射	Force Application and Launch from the Continental
DARPA	国防高级研究规划局(美国)	Defense Advanced Research Projects Agency
SLV	小型发射飞行器	Small Launch Vehicle
RLV	可重复使用运载器	Reusable Launch Vehicle
CAV	通用航空飞行器	Common Aero Vehicle
HTV	高超声速飞行器	Hypersonic Technology Vehicle
CFD	计算流体动力学	Computational Fluid Dynamics
BLF	约束李亚普诺夫函数	Barrier Lyapunov Function
SGUUB	半全局最终一致有界	Semi-globally Uniformly Ultimately Bounded
LPF	低通滤波器	Low Pass Filter
LPV	线性变参数	Linear Parameter-varying
FLS	模糊逻辑系统	Fuzzy Logic System
DSC	动态面控制	Dynamic Surface Control
SISO	单输入单输出	Single-Input Single-Output

附录 E　主要变量符号表

符号	定义
V	飞行速度
$\boldsymbol{T}$	推力
ϕ	滚转角
γ	航迹倾角
α	攻角
β	侧滑角
q	俯仰角速度
m	飞行器质量
I_y	转动惯量
C_D、C_Y、C_L	阻力系数、侧向力系数和升力系数
C_M	俯仰力矩系数
D	气动阻力
Y	气动侧向力
L	气动升力
M	外力矩
$\bar{q}$	来流动压
S	飞行器特征面积($334.73m^2$)
b	翼展(18.288m)
$\bar{c}$	翼平均气动弦长(24.384m)
δ_e	舵偏角
$\boldsymbol{X}$	状态变量
$\boldsymbol{K}$	参数矩阵
$\boldsymbol{U}$	控制输入
$\boldsymbol{D}_*$、d_*	干扰矩阵、干扰量
$\boldsymbol{e}$	误差矩阵

$\boldsymbol{Q}$、$\boldsymbol{P}$	正定矩阵
ξ_*、η_*、ψ_*	模糊基函数
θ_*、θ_*^*、σ_*	自由参数集、最优参数集
M_*	自由参数集模的上界
$\lambda_{\max}(\cdot)$、$\lambda_{\min}(\cdot)$	矩阵最大、最小特征值
$h_*(\cdot)$	Hurtwitz 多项式
$\mathrm{proj}(\cdot)$	投影表达式
z_*	误差变量
t	时间常数
x_{*f}	通过滤波器的状态量
$h(\cdot)$	双曲正切函数
$N(\cdot)$	Nussbaum 增益函数
$\boldsymbol{S}(\cdot)$	误差面向量
ϑ_*	误差变换函数
$S(\cdot)$	幅值限制函数
ε_*、$\hat{\varepsilon}_*$	误差量、估计误差量
$\bar{x}_*$	状态向量
k_*、c_*、r_*	控制器参数
V_*	Lyapunov 函数
$\Vert\cdot\Vert$	范数符号
$\hat{}$	代表估计值
$\sim$	代表误差值

参 考 文 献

[1] 李惠峰．高超声速飞行器制导与控制技术[M]．北京:中国宇航出版社，2012.

[2] Steven H W，Jeffrey S，Dale S，et al. The DARPA/AF Falcon Program：The Hypersonic Technology Vechicle #2（HTV－2） Flight Demonstration Phase [C]. AIAA 2003-2716，2003.

[3] Guidance and Navigation for Entry vechicles [S]. NASA SpaceVehicle Design Criteria（Guidance and Control）. NASA SP-8015，1968.

[4] Woffinden D，Epstein L. Dream Chaser On－Orbit Operations：Preliminary Trajectory Design and Analysis[C]. AIAA 2011-6654，2011.

[5] Randall V H，Lawrence D H. X-43A HypersonicVehicle Technology Development [J]. Acta Astronautica. 2006，59：181-191.

[6] Tony C. Development of U.S. Air Force International Ballistic Missle Weapon Syastems[J]. Journal of Spacecraft and Rockets，2003，40(4)：491-509.

[7] 扈晓翔．高超声速飞行器模糊建模与控制方法研究[D]．西安:第二炮兵工程大学，2012.

[8] 李建林．临近空间高超声速飞行器发展研究[M]．北京:中国宇航出版社，2012.

[9] 黄琳，段志生，杨剑影．近空间高超声速飞行器对控制科学的挑战[J]．控制理论与应用，2011，28(10):1496-1505.

[10] Charles R，Mc C，Vincent L，et al. Hyper-X：Foundation for Future Hypersonic Launch Vehicles[J]. Acta Astronautica，2005，57(4)：612-622.

[11] Joseph M，Hank，James S，et al. The X－51A Scramjet Engine Flight Demonstration Program[C]. AIAA 2008-2540，2008.

[12] Unmeel M. Hypersonic Technologies and Aerospace Plane [J]. Aerospace America，2008(12)：110-111.

[13] 丛敏，褚运．印俄拟进一步加强高超声速飞行器巡航导弹计划的合作[J]．飞航导弹，2010，(9)：13-19.

[14] 苏鑫鑫．盘点日本的高超声速计划[J]．飞航导弹，2008，(5):27-31.

[15] 李文杰，牛文，张洪娜，等．2013 年世界高超声速飞行器发展总结[J]．飞航导弹，2014，(2):3-11.

[16] 郭鹏飞，于加其，赵良玉．临近空间高超声速飞行器发展现状与关键技术[J]．飞航导弹，2012，(11):17-21.

[17] 黄伟，罗世彬，王振国. 临近空间高超声速飞行器关键技术及展望[J]. 宇航学报，2010，31(5)：1259-1265.
[18] 余雄庆，丁运亮. 多学科设计优化算法及其在飞行器设计中应用[J]. 航空学报，2000，21(1)
[19] Bolender M A, Doman D B. A Nonlinear Model for the Longitudinal Dynamics of a Hypersonic Air-Breathing Vehicle[C]. AIAA 2005-6255, 2005.
[20] Bolender M A, Doman D B. Nonlinear Longitudinal Dynamical Model of An Air-Breathing Hypersonic Vehicle[J]. Journal of Spacecraft and Rockets, 2007, 44(2): 374-387.
[21] Boyce R R, Gerard S, Paull A. The Hyshot Scramjet Flight Experiment-Flight Data and CFD Calculations Compared[C]. AIAA 2003-7059, 2003.
[22] Gardner A D, Hannemann K, Steelant J, et al. Ground Testing of the HyshotSupersonic Combustion Flight Experiment in HEC and Comparing with Flight Data[C]. AIAA-2006-2955, 2006.
[23] 孙长银，穆朝絮，余瑶. 近空间高超声速飞行器控制的几个科学问题研究[J]. 自动化学报，2013，39(11)：1901-1913.
[24] 夏群力，何镜，徐平，等. 高超声速临近空间飞行器发展现状与研究措施[C]. 探索 创新 交流——第三届中国航空学会青年科技论坛(第三集)：72-77.
[25] 李公军. 吸气式高超声速飞行器巡航段控制研究现状及展望[C]. 2014 26th Chinese Control and Decision Conference(CCDC), 2014.
[26] 孟斌. 基于特征模型的高超声速飞行器自适应控制研究进展[J]. 控制理论与应用，2014，31(12)：1640-1649.
[27] Buschek H, Calise A J. Robust Control of Hypersonic Vehicles Considering Propulsive and Aeroelastic Effects[C]. AIAA Guidance, Navigation and Control Conference, Monterey, CA, 1993.
[28] Buschek H, Calise A J. Hypersonic Flight Control System Design Using Fixed Order Robust Controllers [C]. AIAA International Aerospace Planes and Hypersonics Technologies Conference, Chattanooga, USA, 1995.
[29] Lohsnoonthorn P, Jonckheere E, Dalzell S. Eigenstructure vs Constrained H_∞ Design for Hypersonic Winged cone [J]. Journal of Guidance, Control, and Dynamics, 2011, 24(4): 648-658.
[30] Cifdaloz O. Control of Distributed Parameter Systems Subject to Convex Constraints: Application to Irrigation Systems and Hypersonic Vehicles[C]. 47th IEEE Conference on Decision and Control, Cancun, 2008.
[31] Gregory I. Hypersonic Vehicle Control Law Development using H Infinity and

Mu-synthesis[C]. The 4th AIAA International Aerospace Planes Conference, Orlando, USA, 1992.
[32] Lind R. Linear Parameter-varying Modeling and Control of Structural Dynamics with Aerothermoelastic Effects[J]. Journal of Guidance, Control, and Dynamics, 2002, 25(4): 733-739.
[33] 黄显林，葛东明．吸气式高超声速飞行器纵向机动飞行的鲁棒线性变参数控制[J]．宇航学报，2010，31(7)：1789-1797.
[34] 黄显林，葛东明．输入受限高超声速飞行器鲁棒变增益控制[J]．系统工程与电子技术，2011，33(8)：1829-1936.
[35] Sigthorsson D O, Serrani A. Development of Linear Parameter-varying Models of Hypersonic Air-breathing Hypersonic Vehicle[J]. Journal of Guidance, Control, and Dynamics, 2007, 30(3): 856-869.
[36] Jiang Wei, Wang Hongli, Lu Jinghui, et al. HOSVD-based LPV Modeling and Mixed Robust H_2/H_∞ Control Design for Air-Breathing Hypersonic Vehicle[J], Journal of Systems Engineering and Electronics, 2016, 27(1): 183-191.
[37] Stotine J J E, Li W P. Applied Nonlinear Control[M]. New Jersey: Prentice Hall, 1991.
[38] 方洋旺，柴栋，毛东辉，等．吸气式高超声速飞行器制导与控制研究现状及发展趋势[J]．航空学报，2014，35(7)：1776-1786.
[39] HU Z B, Mo B, Zhou D Z, et al. Robust Nonlinear Control of a Hypersonic Aircraft based on Sliding Mode Control[J]. Procedia Engineering, 2012, 29(1): 839-842.
[40] Li H F, Sun W C. Exponential Approach Law based Sliding Control for a Hypersonic Vehicle[J]. Aerospace Control and Application, 2009, 35(4): 39-43.
[41] Wan J, Wang Q, Ai J L. Dynamic Inversion-based Control System of a Hypersonic Vehicle with Model Uncertainty[C], AIAA-2012-5965, 2012.
[42] 逯晓光，孔庆霞，余颖．基于自适应动态逆的高超声速飞行器姿态复合控制[J]．宇航学报，2013，34(7)：955-962.
[43] Slotine J J, Sastry S S. Tracking Control of Non-linear Systems Using Sliding Surfaces with Application to Robust Maniplators[J], International Journal of Control, 1983, 38(2): 465-492.
[44] Mu Chaoxu, Zong Qun, Tian Bailing, et al. Continuous Sliding Mode Controller with Disturbance Observer for Hypersonic Vehicles[J], IEEE/CAA Journal of Automatica Sinica, 2015, 2(1):45-55.
[45] 许斌，丁林阁，王士星．基于 Backstepping 设计的高超声速飞行器的自适应

控制方法综述[J].Proceedings of the 33rd Chinese Control Confernce, Nanjing, 2014.

[46] Fiorentini L, Serrani A. Nonlinear Control for Near Space Vehicle via Backstepping Method[J].Journal of Guidance, Control, and Dynamics, 2009, 32(2): 401-416.

[47] 高道祥, 孙增圻, 罗熊, 等. 基于 Backstepping 的高超声速飞行器模糊自适应控制[J]. 控制理论与应用, 2008, 25(5): 805-809.

[48] Xu B. Adaptive Discrete-time Controller Design with Neural Network for Hypersonic Flight Vehicle via Backstepping[J].International Journal of Control, 2013, 84(9):1543-1552.

[49] 陈洁, 周绍磊, 宋召青. 基于不确定性的高超声速飞行器动态面自适应反演控制系统设计[J]. 宇航学报, 2010, 31(11):2550-2556.

[50] Xu B, Shi Z, Yang C, et al. Neural Control of Hypersonic Flight Vehicle Model via Time-scale Decomposition with Throttle Setting Constraint[J].Nonlinear Dynamics, 2013, 73(3): 1849-1861.

[51] Xu B, Wang S, Gao D, et al. Adaptive Neural Control of a Hypersonic Vehicle in Discrete Time[J].Journal of Intelligent and Robotic Systems, 2014, 73(1): 219-213.

[52] Shaughnessy J D, Pinckney S Z, McMinn J D. Hypersonic Vehicle Simulation Model Winged-Cone Configuration[R].NASA/TM2102610, 1991.

[53] Zhou li, Fei Shumin. Adaptive Dynamic Surface Control for Air-Breathing Hypersonic Vehicle[J].Journal of Systems Engineering and Electronics, 2013, 24(3): 463-479.

[54] Q. Zong, Y. Ji, F. Zeng, et al. Output Feedback Back-stepping Control for a Generic Hypersonic Vehicle via Small-gain Theorem[J], Aerospace Science of Technology, 2012, 23(1): 409-417.

[55] Liu Zhen, Tan Xiangmin, Yuan Ruyi, et al. Immersion and Invariance-Based output feedback control of Air-breathing hypersonic vehicles[J].IEEE Transactions on Automation Science and Engineering, 2016, 13(1): 394-402.

[56] Astolfi A. Ortega R. Immersion and Invariance: A new tool for stabilization and adaptive control of nonlinear systems[J].IEEE Transactions on Automation Control, 2003, 48(4): 590-606.

[57] 朱亮. 空天飞行器不确定非线性鲁棒自适应控制[D]. 南京航空航天大学, 2006.

[58] Zhu J. J, Banker B. D., Hall C. E. X-33 Ascent Flight Control Design by

Trajectory Linearization - a Singular Perturbation Approach [C]. AIAA Guidance, Navigation, and Control Conference and Exhibit, AIAA 2000-4159.
[59] Adami T. A., Zhu J. J. Control of a Flexible Hypersonic Scramjet Vehicle Using a Differential Algebraic Approach[C]. AIAA Guidance, Navigation, and Control Conference and Exhibit, AIAA 2008-7464.
[60] Adami T. A., Zhu J. J. Flight Control of Hypersonic Scramjet Vehicles Using a Differential Algebraic Approach[C]. AIAA Guidance, Navigation, and Control Conference and Exhibit, AIAA 2006-6559.
[61] Pu Zhiqiang, Tan Xiangmin, Fan Guoliang, et al. Uncertainty Analysis and Robust Trajectory Linearization Control of a Flexible Air-Breathing Hypersonic Vehicle[J], Acta Astronautica, 2014, 101: 16-32.
[62] 吴宏鑫. 全系数自适应控制理论及其应用[M]. 北京: 国防工业出版社, 1990.
[63] 孟斌. 基于特征模型的高超声速飞行器自适应控制研究进展[J]. 控制理论与应用, 2014, 31(12): 1640-1649.
[64] Meng B, WU H X. Characteristic Model Based Control of the X-34 Reusable Launch Vehicle in its Climbing Phase [J]. Science in China (Information Science), 2009, 52(11): 2216-2225.
[65] 孟斌,吴宏鑫. 线性定常系统特征模型的证明[J]. 中国科学(E辑), 2007, 37(10):1258-1271.
[66] 龚宇莲,吴宏鑫. 基于特征模型的高超声速飞行器的自适应姿态控制[J]. 宇航学报, 2010, 31(9): 2122-2128.
[67] Zhang Z, Hu J. Stability Analysis of a Hypersonic Vehicle Controlled by the Characteristic Model based Adaptive Controller [J]. Science in China (Information Sciences), 2012, 55(10): 2243-2256.
[68] Ioannou P. A., Annaswamy A. M., Narendra K. S. L1-Adaptive Control: Stability, Robustness, and Interpretations[J]. IEEE Transactions on Automatic Control, 2014, 59(11): 3075-3080.
[69] Clark A, Wu C, Mirmirani M, et al. Development of an Airframe-Propulsion Integrated Generic Hypersonic Vehicle Model[C]. AIAA 2006-218, 2006.
[70] Keshmiri S, Colgren R, Mirmirani M. Development of an Aerodynamic Database for a Generic Hypersonic Air Vehicle[C]. AIAA 2005-6257, 2005.
[71] Keshmiri S, Colgren R, Mirmirani M. Six-DOF Modeling and Simulation of a Generic Hypersonic Vehicle for Conceptional Design Studies[C]. AIAA 2004-4805, 2004.

[72] Keshmiri S, Colgren R. Six - DOF Modeling and Simulation of a Generic Hypersonic Vehicle[C]. AIAA 2006-6694, 2006.
[73] 杨永浩 . 基于滑模变结构的高超声速飞行器鲁棒控制方法研究[D]. 西安:第二炮兵工程大学, 2013.
[74] Yu W B, CHEN W C. Guidance Scheme for Glide Range Maximization of a Hypersonic Vehicle [C]. AIAA - 2011- 6714, 2011.
[75] Wang Q, Stengel R F. Robust Nonlinear Control of a Hypersonic Aircraft[J]. Journal ofGuidance, Control, and Dynamics, 2000, 23(4): 577-585.
[76] Xu H J, Mirmiranu M D, Ioannou P A. Adaptive Sliding Mode Control Design for a Hypersonic Vehicle[J]. Journal of Guidance, Control, and Dynamics, 2004, 27(5): 829-838.
[77] Wang L X. Fuzzy Systems are Universal Approximators [C]. Proc. IEEE International Conference on Fuzzy Systems, San Diego, 1992.
[78] 王立新 . 自适应模糊系统与控制—设计与稳定性分析[M]. 北京:国防工业出版社, 1995.
[79] Wang L X. Stable Adaptive Fuzzy Control of Nonlinear Systems [J]. IEEE Transactions on Fuzzy Systems, 1993, 1(2): 146-155.
[80] Raju G V S, Zhou Jun, Kisner R A. Hierarchical Fuzzy Control[J]. International Journal of Control, 1991, 54(5): 1201- 1216.
[81] Wang L X. Universal Approximator by Hierarchical Fuzzy Systems[J]. Fuzzy Sets and Systems, 1998, 93(2): 223-230.
[82] Wei C, Wang L X. A Note on Universal Approximation by Hierarchical Fuzzy Systems[J]. Information Sciences, 2000, 123(3/4): 241-248.
[83] 孙多青, 霍伟 . 基于分层模糊系统的间接自适应控制[J]. 北京航空航天大学学报, 2003, 29(4): 303-307.
[84] Hassan K K. Nonlinear Systems[M]. New Jersey: Prentice Hall, 2002.
[85] 李殿璞 . 非线性控制系统[M]. 西安:西北工业大学出版社, 2009.
[86] 张胜修, 曹立佳, 刘毅男 . 巡航飞行器鲁棒非线性控制技术[M]. 国防工业出版社: 北京, 2013.
[87] Chen B S, Lee C H, Chang Y C. H_∞ Tracking Design of Uncertain Design of Uncertain Nonlinear SISO Systems [J]. IEEE Transactions on Fuzzy Systems, 1996, 4(1): 32-43.
[88] 王永超, 张胜修, 扈晓翔, 等 . 参数不确定高超声速飞行器自适应模糊控制[J]. 电光与控制, 2015, 22(10): 24-29.
[89] Spong M W, Thorp J S. Kleinwaks J M. Robust Microprocessor Control of Robot

[J]. Automatica, 1987, 23(3): 373-379.

[90] 王永超，张胜修，曹立佳，等. 高超声速飞行器纵向通道分层模糊自适应 H_∞ 控制[J]. 计算机应用，2015，35(10)：2920-2926.

[91] Raju G V S, Zhou J. Adaptive Hierachical Fuzzy Controller [J]. IEEE Transactions on Systems, Man, Cybernetics, 1993, 23(4): 973-980.

[92] Campo P J, Morari M. Robust Control of Processes Subject to Saturation Nonlinearities[J]. Computers & Chemical Engineering, 1990, 14(4): 343-358.

[93] Kanellakopoulos I, Kokotovic P V, Morse A S. Systematic Design of Adaptive Controller for Feedback Linearizable Systems. IEEE Transactions on Automatic Control, 1991, 36(11): 1241-1253.

[94] Swaroop D, Hedrick J K, Yip P P, etal. Dynamic Surface Control for a Class of Nonlinear Systems[J]. IEEE Transactions on Automatic Control, 2000, 45(10): 1893-1899.

[95] Chen B, Tong S C, Liu X P. Fuzzy Approximate Disturbance Decoupling of MIMO Nonlinear Systems by Backstepping Approach[J]. Fuzzy Sets and system, 2007, 158(10): 1097-1125.

[96] Zhang T P, Wen H, Zhu Q. Adaptive Fuzzy Control of Nonlinear Systems in Pure-feedback Form based on Input-to State Stability[J], IEEE Transactions on Fuzzy System. 2010, 18(1): 80-93.

[97] Yang Y S, Zhou C J. Adaptive Fuzzy H_∞ Stabilization for Strict-feedback Canonical Nonlinear Systems via Backstepping and Small-gain Approach[J]. IEEE Transactions on Fuzzy System, 2005, 13(1): 104-1141

[98] Mohammad M A, Hamid R K. Adaptive Fuzzy Backstepping Controller Design for Uncertain Under-actuated Robotics Systems, Nonlinear Dynamics[J]. 2015, 79(5): 1457-1468.

[99] Chen B S, Wang S S. TheStability of Feedback Control with Nonlinear Saturating Actuator: Time Domain Approach[J]. IEEE Transactions on Automatic Control, 1988, 33(5): 483-487.

[100] Sonneveldt L, Chu Q P, Mulder J A. NonlinearFlight Control Design Using Constrained Adaptive Backstepping [J]. Journal of Guidance, Control, and Dynamics. 2007, 30(2): 322-336.

[101] 吕跃勇，胡庆雷，马广富. 带有控制受限的卫星编队飞行六自由度自适应协同控制[J]. 控制理论与应用，2011，28(3)：321-328.

[102] Jin Y Q, Liu X D, Qiu W, et al. Time-varying Sliding Mode Control for a Class of Uncertain MIMO Nonlinear System Subject to Control Input Constraint [J].

Science China (Information Sciences), 2010, 53(1): 89-100.
[103] 胡庆雷, 张爱华, 姜成平, 等. 控制受限的卫星轨道转移过程中的姿态控制[J]. 哈尔滨工业大学学报, 2013, 45(5): 1-6.
[104] LI Y M, TONG S C, LI T S. DirectAdaptive Fuzzy Backstepping Control of Uncertain Nonlinear Systems in the Presence of Input Saturation[J]. Neural Computing & Applications, 2013, 23(5): 1207-1216.
[105] 周砚龙, 陈谋. 基于干扰观测器的输入受限非线性系统鲁棒控制[J]. 南京理工大学学报, 2014, 38(1): 40-47.
[106] 刘金锟, 王明钊. 挠性航天器 LMI 抗饱和控制及模态振动抑制[J]. 电机与控制学报, 2014, 18 (3): 79-84.
[107] Kurtz M J, Henson M A. Input-output Linerizing Control of Constrained Nonlinear Processes[J]. Journal of Process Control, 1997, 7(1):3-17.
[108] 孔小兵, 刘向杰. 基于输入输出线性化的连续系统非线性模型预测控制[J]. 控制理论与应用, 2012, 29(2): 217-224.
[109] 周宏, 谭文. 线性自抗扰控制的抗饱和补偿措施[J]. 控制理论与应用, 2014, 31(11): 1457-1463.
[110] Wen C J, Zhou J, Liu Z T. Robust Adaptive of Uncertain Nonlinear Systems in the Presence of Input Saturation and External Disturbance[J]. IEEE Transactions on Automatic Control, 2011, 56(7): 1672-1678.
[111] 王永超, 张胜修, 曹立佳, 等. 输入受限的非线性自适应模糊 Backstepping 控制[J]. 控制理论与应用, 2015, 32(12): 1669-1675.
[112] 曹立佳, 张胜修, 李晓峰, 等. 折叠翼飞行器发射段鲁棒非线性控制系统设计[J]. 航空学报, 2011, 32(10): 1879-1887.
[113] Wang L X. Stable Adaptive Fuzzy Control of Nonlinear Systems[J]. IEEE Transactions on Fuzzy System, 1993, 1(2): 146-155.
[114] Tong S C, Li Y M. Observer-based Adaptive Fuzzy Backstepping Control of Uncertain Nonlinear Pure-feedback Systems[J]. Science China (Information Sciences), 2014, 57(2): 1-14.
[115] Zou A M, Hou Z G. AdaptiveControl of a Class of Nonlinear Pure-feedback Systems Using Fuzzy Backstepping Approach[J]. IEEE Transactions on Fuzzy Systems, 2008, 16(4): 886-897.
[116] Kim E, Sungryul L. OutputFeedback Tracking Control of MIMO Systems Using a Fuzzy Backstepping Approach[J]. IEEE Transactions on Fuzzy Systems, 2005, 13(6): 725-741.
[117] 王永超, 张胜修, 扈晓翔, 等. 可规定性能的输入受限非线性系统反步控

制[J]. 哈尔滨工业大学学报, 2016, 48(10): 110-118.

[118] Sui S, Tong S C, Li Y M. Adaptive Fuzzy Backstepping Output Feedback Tracking Control of MIMO Stochastic Pure-feedback Nonlinear Systems with Input Saturation[J]. Fuzzy Sets and Systems, 2014 :26-46.

[119] Sui S, Tong S C, Li Y M. Adaptive Decentralised Output Feedback Control of Pure-feedback Large-scale Stochastic Nonlinear Systems with Dead Zone [J]. IET Control Theory and Applications, 2013, 8(7): 488-502.

[120] 虞棐雄, 王永超, 张胜修, 等. 输出误差受限的非线性系统模糊反步控制[J], 电光与控制, 2016(9):11-18.

[121] 武晓晶. 具有输入输出约束特性的非线性系统自适应控制研究[D]. 秦皇岛:燕山大学, 2012.

[122] Li Y M, Tong S C. Prescribed Performance Adaptive Fuzzy Output-feedback Dynamic Surface Control for Nonlinear Large-scale Systems with Time Delays [J]. Information Sciences, 2015,292(C): 125-142.

[123] Ngo K B, Mahony R, Jiang Z P. IntergratorBackstepping Using Barrier Functions for Systems with Multiple State Constraints[C]. In Proc. 44th IEEE Conference Decision and Control, Seville, Spain, 2005, 8306-8312.

[124] Tee K P, Ge S S, Tay E H. Barrier LyapunovFunctions for the Output-constrainted Nonlinear Systems[J]. Automatica, 2009, 45(4): 918-927.

[125] Re B B, Ge S S, Tee K P. AdaptiveNeural Control for Output Feedback Nonlinear Systems Using a Barrier Lyapunov Function[J]. IEEE Transactions on Neural Networks, 2010, 22(8): 1339-1345.

[126] 曹立佳. 多不确定性飞行器鲁棒非线性控制技术研究[D]. 西安:第二炮兵工程大学, 2012.

[127] Farrell J A, Polycarpou M, Sharma M. Adaptive Backstepping with Magnitude, Rate, and Bandwidth Constraints: Aircraft Longitude Control [C]. In Proc. American Control Conference. (2003) 3898-3904.

[128] Farrell J A, Polycarpou M, Sharma M. On-line Approximation based Control of Uncertain Nonlinear Systems with Magnitude, Rate and Bandwidth Constraints on the States and Actuators [C]. In Proc. American Control Conference. (2004) 2557-2562.

[129] Farrell J A, Sharma M, Polycarpou M. Backstepping-based Flight Control Adaptive Function Approximation [J]. Journal of Guidance, Control, and Dynamics. 2005, 28(6): 1089-1102.

[130] Farrell J A, Polycarpou M, Sharma M. Adaptive Backstepping with Magnitude,

Rate, and Bandwidth Constraints: Aircraft Longitude Control, Proc. American Control Conference, 2003.
[131] Hu J C, Zhang H H. Immersion and Invariance based Command-Filtered Adaptive Backstepping Control of VTOL Vehicles[J], Atutomatica, 2013, 49(7): 2160-2167.
[132] Farrell J A, Polycarpou M, Sharma M, et al. Command Filtered Backstepping [J]. IEEE Transactions on Automatic Control, 2009, 54(6): 1391-1395.
[133] Dong W J, Farrell J A, Polycarpou M, et al. Command Filtered Adaptive Backstepping[J]. IEEE Transactions on Control System Technology, 2012, 20(3): 566-580.
[134] 张超. 基于约束自适应反步法的飞行器鲁棒非线性控制[D]. 西安:第二炮兵工程大学, 2014.
[135] 张超, 张胜修, 蔡光斌, 等. 小型航天器浸入与不变自适应反步姿态跟踪[J]. 哈尔滨工业大学学报, 2014, 46(7): 60-68.
[136] Cao L J, Zhang S X, Li X F, et al. Nonlinear Adaptive Block Backstepping Control Using Command Filter and Neural Networks Approximation [J]. Information Technology, 2011, 10(12): 2284-2291.
[137] Wang Y C, Cao L J, Zhang S X, et al. Command Filtered Adaptive Fuzzy Backstepping Control Method of Uncertain Nonlinear Systems[J], IET Control Theory and Applications, 2016, 10(10): 1134-1141.
[138] Ji H B, Xi H S. Adaptive Output-feedback Tracking of Stochastic Nonlinear Systems[J]. IEEE Transactions on Automatic Control, 2006, 51(2): 355-360.
[139] Bechlioulis C P, Rovithakis G A. Prescribed Performance Adaptive Control for Multi-input Multi-output Affine in the Control Nonlinear Systems[J]. IEEE Transactions on Automatic Control, 2010, 55(5): 1220-1226.
[140] Xu Y Y, Tong S C, Li Y M. Prescribed Performance Fuzzy Adaptive Fault-tolerant Control of Non-linear Systems with Actuator Faults[J]. IET Control Theory and Applications, 2014, 8(6): 420-431.
[141] Yoo S J. Fault-tolerant Control of Strict-feedback Nonlinear Time-delay Systems with Prescribed Performance[J]. IET Control Theory and Applications, 2013, 7(11): 1220-1226.
[142] Khalil H K. Nonlinear Systems[M]. Prentice Hall, New York, 2002.
[143] Krstic M. Kanellakopoulos I, Kokotovic P V. Nonlinear and Adaptive Control Design[M]. Wiley-Interscience, New York, 1995.